U0060536

黃張維——著

都更危老
大解密
耕築共好家園

目錄

第 1 章 大家都在都更，我家的老房子也可以重建嗎？

第 2 章 房屋重建該如何進行

第3章 都更重建VS.危老重建

第4章 重建時我需要出錢嗎？　重建後可以換回多大的房子？

房屋重建速查 Q&A

本書是融合黃董事長及其建築團隊多年都更危老實務經驗的鉅著，也藉由專業務實與真誠，回答眾多殷殷期盼老屋改建地主的心中疑惑。

　　本書的出版，解答許多參與都更危老權利人最關心的資訊與疑問，更代表作者身為整合團隊，願意釋出公正公開關鍵知識的善意與企業社會責任的展現，令人尊敬。

內政部政務次長　花敬群

推薦序
唯有用心、方能更新

台灣大學名譽教授、誠致教育基金會副董事長／李吉仁

都市更新，不僅是市容的美化，更彰顯市民居住的品質升級。都市更新的政策上路迄今，已歷 15 年的時間，但更新的速度似乎不如預期。以都市更新入口網的最新資料來看，迄今全台已核定公布的都更案不到千件，其中近六成的核定案件在台北市，相較於北市 40 年以上老屋存量（30 萬戶）， 不到一個百分點，顯見都更案件執行的難度。

正因為都更案從啟動到執行，存在多方溝通、複雜平衡的挑戰，身為都市更新建案拓荒者的作者， 耕建築的黃張維董事長，想將其與耕團隊過去 15 年來，參與都市與危老更新的實務經驗，轉化為提供都更與危老更新案利害關係人的共同使用手冊（playbook），好讓這個能助益於都市現代化與居住品質優化的政策，能夠產生更廣大的實踐力；其用心令人肯定。

細看本書所深刻描述的都市與危老更新案件的過程，可以理解這真的是一個存在高度交易成本（transaction costs）的過程。交易成本，係指交易過程中非生產性（non-productive）的成本，不

僅會影響整體交易的價格，對潛在高交易成本的案件，如果沒有適當的監理模式（governance model），更可能導致最終的交易失敗風險（transaction hazard）。在都更與危老更新案中，即便律法已經提供必要引導流程，以及獎勵誘因，但交易雙方（屋主與建商）間的資訊不對稱（information asymmetry），可說是最大的交易成本來源。這不僅包括事前雙方對法令的理解程度、對營建專業知識的理解程度、對產品規劃的需求內涵、對資產前後價格的衡量基礎、對重建後價值的分配原則有所不同，甚至因為拆與建的過程需時不短，簽約後的需求與成本變化，都可能會造成因利益不如預期後的投機行為（opportunistic behavior）；這些都是讓每個都更案執行過程冗長，甚至無疾而終的根本原因。

依照交易成本的理論邏輯，要解決這種高潛在交易成本的合作專案，必須設計安全監理機制（safeguard mechanisms），讓雙方在（成本）風險與（所有權）利益上保持結構性的平衡。在東方偏向關係型的社會裡，光是以契約制定合作機制，產生契約性信任（contractual trust），往往是不夠的，需要增加彼此之間的關係性信任（relational trust）。在耕團隊過去 15 年的都更實務經驗中，可以看到「法」與「理」之外的「情」的作為，包括同理心的溝通、超耐心的等待、知己解彼的設想、共創雙贏的規劃等，都是促進信任與導致成案的關鍵。儘管房地產業一向被視為在浪頭上賺錢的行業，但看完耕團隊的經驗分享，都更與危老更新案還真是「人」的行業。唯有用心，方能更新！

除了當作都更案的使用手冊外，本書另一個彩蛋是作者的人生故事。同儕口中稱為「海膽」的黃張維董事長，不僅在生涯前半段歷經多次事業大起大落的危機，但都能堅毅再起，更能在己身「健康危老」之際，毅然決然透過長跑，讓身體歸零更新，並帶動同仁一起運動更新，讓馬拉松的長途耐力與磨練不懈精神，成為耕團隊的內在文化與價值，更是令人佩服。

　　「苟日新，日日新，又日新」，冀望本書的出版能帶動更多的都市與危老更新案，帶給都市與人民更多正向的力量！

推薦序
告別汙名化，危老都更已刻不容緩

永然聯合法律事務所所長、永然法律基金會董事長／李永然

　　台灣是個美麗的寶島，但六都老屋林立的現象，不僅影響市容觀瞻，也造成都市機能低下及影響居住安全，長期為人所詬病；而六都之中屋齡 40 年以上的老宅存量，又以「台北市」所占比率最高，高達 36.9％，可以說三成以上的房屋都屬於老舊住宅，這對一個稱為國際級的大都市而言，確實令台灣人汗顏，如何改善老舊市容、提升都市機能，已成為台灣刻不容緩的議題。

　　在台灣，許多早期建造的「公寓」都沒有電梯，年紀大的住戶上下樓梯苦不堪言，形成「困老」的現象；而且隨著時間增長，房屋的安全性也在下降，因此許多人都希望透過老屋重建以改善居住品質。政府原本也致力於推動「都市更新」，但在發生台北市士林「文林苑」案件後，政府公部門在面對都市更新案件就變得非常保守，導致都市更新程序的時間拉得更長，實施者也不願觸碰這項議題，加上《都市更新條例》因大法官會議釋字第709 號解釋，認為有部分條文違憲，更使得台灣的都更市場停滯不前。

我接觸都市更新與危老重建的議題多年，深刻了解在現今高齡少子化的社會，對於無障礙居住環境之需求日殷。看到許多年長者因等不到都更的到來就已離世，讓人十分無奈與不捨。所幸為了加速都市計畫範圍內危險及老舊瀕危建築物的重建，改善居住環境，提升建築安全與國民生活品質，立法院三讀通過《都市危險及老舊建築物加速重建條例》，總統於民國 106 年 5 月 10 日公布，並且自同年 5 月 12 日起施行。而卡關多年的《都市更新條例》修正案，也經立法院三讀通過修正，並由總統於民國 108 年 1 月 30 日公布施行，新修正的條文則自民國 108 年 2 月 1 日起正式生效。法令的逐步完備，讓都市更新有了新的希望。

　　為了推廣有關「危老」和「都更」的法律常識，我除了撰寫相關法律文章外，也和許多單位合作進行法律演講，更透過旗下的永然文化出版都市更新相關書籍、永然法律研究中心開立相關的法律實務課程，永然法律基金會也捐印都更與危老議題的法律手冊贈送民眾，這些無非是想讓民眾了解都市更新對於一個城市發展與人民生活的重要，而不要將其汙名化。

　　本書作者黃張維先生與我有兩代的交情，他的父親是我的老朋友，而永然聯合法律事務所則是他目前所經營之公司的法律顧問，因此我們有著很深的情誼。對於本書作者我非常佩服，因為他雖然在創業的過程中有經歷過一些挫折，卻能越挫越勇，後來更在都市更新與危老重建的市場中發現了新商機，成立「耕薪都市更新股份有限公司」，成就了一番事業，此次撰寫《都更危老

大解密，耕築共好家園》一書，內容集合了該團隊 15 年來在都更危老領域協調整合所累積的實務經驗，以建方的角度出發，提供「實施者」與「地主」們做為參考。我有幸先睹為快，並樂為之序。

目前政府對於都更與危老的法令日趨完善，未來希望能夠提升行政效率及加強執法魄力，讓實施者與地主對於都市更新；或建方與地主合作改建「危老」更有信心，共同協助推動城市老屋重建，建構我國都會區的新風貌，構建美麗的市容！

沒有奇蹟，只有累積

前台灣大學副校長、管理學院院長 &
台大創意與創業中心主任／郭瑞祥

　　張維請我為這一本「都更危老」的書寫序的時候，我當下的反應是，難道他知道我也念過土木系？但其實我從來沒在土木營建產業做過，反而轉念了半導體工程與 MBA，現在管理學院教 EMBA「創業與創新管理」等課程。我也跟張維一樣，跑馬拉松、玩過 226 超級鐵人三項，也 8 次帶隊去 EMBA 戈壁挑戰賽，但我不是建築都更的專家，我要寫什麼？等我看完這本書之後，我突然發覺，這本書講的不只有都更，其實也是展現了一個創業者跟領導者的心路歷程，正好結合了創業、運動，以及都更專業三方面。

　　雖然書本上並沒有直接討論運動以及創業，而是都更的相關專業與經驗，但是背後呈現一樣的精神：「沒有奇蹟，只有累積」。職涯的專業都是由一點一滴的努力所累積出來的，正如同書中看到張維在他個人創業上的奮戰，雖然經歷了兩次的破產，但是他沒有放棄夢想、持續努力，在都更領域找到發揮才華的機會。我們也看到他在運動上的專注，可以完成波士頓馬拉松、可

以挑戰極地沙漠、挑戰 226 超級鐵人三項，開發出他過去沒有的體能潛力。這一點其實正呼應了我在學校教創業領導人的三項特質：1. 能在不確定的環境下充分發揮才能；2. 強烈渴望承擔成敗責任；3. 具有獨特的說服技能。張維展現了創業領導的風範，克服自己的障礙，不斷的突破自己。

在這本專業的「都更危老」書中，除了專業知識外，最讓我感動的是與客戶之間的往來，首要是建立信任、再提供專業服務。一個企業能夠成功，很重要的是核心價值的建立，而這個價值除了傳遞給客戶，也包含了自己的員工，創造出雙贏的局面。正如同耕薪公司的「辛勤耕耘、薪火相傳」文化，正如同張維參與台大 EMBA 戈壁挑戰賽，所呈現的台大風範精神「一起出發、一起到達」。

看這本書，你可以從建築專業的角度去學習，也可以學習作者的創業歷程，甚至可以從跑友的身分看到他在運動上的認真。我相信，成功的祕訣與人的本質息息相關，專業的成就來自於人的領導力、執行力、意志力，專注力。這本書就是體現了張維具有這些能力，所以我期待張維在寫完這本專業的書之後，能夠再將他創業歷程整理成書，一定能鼓舞更多的人，激勵大家勇敢走出舒適區，創造出屬於自己的「人生第二曲線」。

推薦序
一本讓你成為聰明共好屋主的好書

台北市不動產開發商業同業公會理事長／蔡竹雄

　　台北市老舊屋齡超過 40 年的建物，比例只會逐年增加，再加上人口老齡化、防震防火功能不足、違建橫行、管線安全堪慮等問題，讓都市更新與危老重建成為近年來持續被關注、且最炙手可熱的重要議題。住宅重建需求量日益增加，重建速度的加速更顯得刻不容緩。

　　自 1998 年政府公告施行《都市更新條例》後，經歷一段窒礙難行、停滯不前的時期，在 2017 年頒布施行《都市危險及老舊建築物加速重建條例》後，其中基地規模不受限、申請程序簡單快速、給予之容積獎勵條件等，大大激起住戶檢視自有房屋重建之意願，更使得各界單位無不積極投入與推動老屋重建。

　　唯重建工作專業且繁雜，且實務上橫跨各項不同領域，各自專業對於一般民眾實在不易了解，甚至誤解，以致對都市更新與重建產生抗拒心態，對於公共利益及住戶權益實在損失甚大。且除了專業知識、法令釋義與實務經驗，更重要的是，都市更新及重建的正確觀念需要提升。再者，有了正確觀念，若無法選擇合

適的建方，為屋主全案管理，把關興建過程與施工品質，可能也會帶來風險。

　　排除上述問題後，唯重建建立在共識決，最後還是很有可能因為住戶眾多導致個案無法順利進行。有感於此，大家若能從多方角度了解，相信對於正面推動都市更新與危老重建必定有非常大的幫助。

　　在全台已邁向都市更新、危老重建的關鍵時代，身為「台北市不動產開發商業同業公會」理事長，除了作為不動產同業與政府主管機關溝通平台，真實反映與分享實務意見，與協助國內建築業具備正確法令觀念之外，更期許不動產同業間能為都市與住宅環境重建盡一份心力，協助廣大民眾早日達成舊屋換新屋、加速落實全民居安的願景。此正可呼應都市重建為個人生活共好、社區環境共好、都市社會共好的三層重大意義價值。

　　本書作者黃張維先生乃「耕薪建設／耕薪都市更新」董事長，個人職涯從創投轉戰都更領域，其帶領的工作團隊是國內專注都市更新及危老重建的新生代建設公司。台灣無論是公部門或業界對於都市更新的重視，都在近 10 年才慢慢興起，但耕薪有別於其他同業，在創立之初就專注聚焦在都市更新領域，包含都更可行性評估、地主整合與設計、財務管理、發包與營建管理、銷售交屋、客服保固，均由公司團隊全程辦理。長期經營下默默耕耘的耕薪，是實屬難得的建設團隊。

目前坊間都更重建相關書籍眾多，本人推薦本書《都更危老大解密　耕築共好家園》。這本書是一本從建方豐富的實務經驗角度出發，以淺顯易懂的解說方式及圖說，提供都市更新／危老重建為主的工具與實例書籍，帶領讀者更能認識了解都更危老。無論先從了解自家老宅能否重建、如何進行重建、都更與危老的差異，到確認重建之間的種種疑慮，內容集結作者黃張維先生，及其專注經營都更領域的工作團隊，其過去 15 年累積的經驗。相當值得提供不論是已經在重建整合的階段、或是期望能開始，及想要一窺了解重建世界的屋主們，獲得相關正確知識及重建觀念，進而成為一位聰明共好的屋主。

願大家齊心共同協助推動城市老屋重建，讓都市更新在台灣不再只是遙不可及！

前 言

　　「耕薪」，顧名思義就是「辛勤耕耘、薪火相傳」，期許我們能夠成為～深耕這片土地、協助完成永續傳承夢想的推手！

　　我們是耕建築團隊～是一群為夢想插秧、一步一腳印、堅持到底的城市農夫！我們犁入城市沃土的種籽，種下對土地的情感與記憶，期盼一步一腳印地辛勤耕作後，每一寸土地都能長出新生命的嫩芽，成長茁壯，生生不息，薪火相傳。耕薪的起心動念就是「耕耘、薪傳」。

　　都市更新與危老重建的過程，通常是費時與漫長，考驗著每一個參與者的耐心與得失心，耕建築團隊懷著「堅定的初心」，一路致力實踐「勇於挑戰、分享熱情、追求健康」的信念，堅持為屋主們打造共好的社區、環境與社會。

　　耕建築團隊自 2006 年創立以來，共有 4 個都市更新重建案與 1 個合建案完工交屋，目前有 2 個都市更新案在建與建照取得，4 個危老重建案即將取得建照完成銷售，與 1 個合建案進入工程期間。重建基地主要聚焦在大台北信義計畫區、大安區、中正區、松山區，與士林天母區、新北市汐止區。一路以來持續堅

持在台北市／新北市，為都市更新和危老重建的工程努力不懈。

　　耕建築團隊與今周刊在合作討論的過程中，認為都市更新與危老重建是需要被關注的重要議題，尤其每個案件的協調整合與法令規章，皆需投入長期的時間與人力，不斷溝通，並釐清各式問題與疑慮，因而促成了這本書的誕生。

　　這本書是都市更新／危老重建的工具與實例書籍，集合耕建築團隊過去 15 年累積的實務經驗，希望提供不論是已經在重建屋主整合的階段、或是期望能開始重建整合、還是想要一窺了解重建世界的屋主們，相關 know-how，進而當一個共好聰明的屋主！

自 序

　　我曾兩度瀕臨破產！

　　很痛苦，但很幸運！

　　人可以從眼淚中覺醒、明白一些事情，才不會白白浪費了痛苦與不幸！

兩次破產經歷，滋養創業人生

　　1996 年，我結束學業，從美國回到台灣，進入當時國內最大的創業投資銀行——中華開發工業銀行，負責評估產業發展趨勢與挖掘公司投資價值。

　　1999 年，在全球網路熱潮中，我與四位同事朋友透過借款、融資，以每股 20 元，一舉吃下「亞特××」網路公司 10％的股權，拿下一席董事，進入董事會。在 2000 年網路大泡沫前，股票狂飆直上每股 120 元，那筆投資創造出 4 億多的股票市值，四個人也徜徉在財富自由、走路有風的美好中。

但美好與崩壞僅一線之隔，旋即網路泡沫，全球網路公司迅雷不及掩耳地崩盤，我們的投資部位瞬間遭到滅頂，完全變成壁紙。我而立之年的生日禮物，竟然是高達 2 千多萬的負債，第一次瀕臨破產，沉浮在債海波濤中，我極力渴望上岸。

為求東山再起，我汲汲營營奔走在矽谷、台灣、上海三地，試圖挖掘具潛力的 IC 設計公司。2001 年正是全球 CRT Monitor 轉換至 LCD Monitor 的大時代，我在矽谷輾轉物色到華裔美人所創的 Monitor Controller IC 技術團隊「晶×」，並著手為其規劃，讓公司總部從矽谷遷至台灣，進而邀約台灣明×、廣×、AO× 與源× 等四大 Monitor 組裝製造公司，各投資 10% 股權，成為產品去化的下游廠商，自己則再次大幅度地以槓桿信用大量融貸投資，取得公司 2% 的股權。

就在公司 IC tape out 大量出貨後，迅速發展成全球 Monitor Controller 領域第二大晶片設計公司，市值高達台幣 160 億，而我也跟著晉級成帳上股票市值破億的富翁，看到再次脫債脫貧的曙光。

沒想到，不到 2 年，該領域第一大 Genesis IC 設計公司，以侵權的商業訴訟手段，申請美國法院禁止「晶×」出貨到美國，公司面臨了無法出貨的財務壓力與龐大的美國訴訟費用。最後公司清算，賣掉 IP 智權，我再次被吸入更深的負債黑洞，身陷日夜償債的夢魘與恐懼之中，痛苦與不幸揮之不去。

終於，蒙上天眷顧，我再度整合來自矽谷各家公司的頂尖 IC 設計華人工程師，在上海成立 IC 設計團隊，研發 Gigabit ethernet IC，並邀請華碩領銜投資，後來相繼被 Atheros 與 Qualcomm 併購，獲利出場，賺到了之後創業的第一桶金！

事後看來，前兩次瀕臨破產，都成了後來創業很重要的養份！

12 年的創投生涯，燦爛奪目卻也驚心動魄，雖然累積下不少實戰的血淚經驗和資源，但也深刻感受到，不管持股比例多寡，身為一名投資者，對公司政策與經營的掌握與影響力非常有限，若公司經營不善，投資者得付出失利的代價；若公司飛黃騰達，光環成就始終歸於經營團隊，投資者只能跟著被動分享。

一路協助與投資別人創業，自己卻沒有創業過，讓我心裡始終有個缺憾。於是，我起心動念，想運用過去在創投領域累積下的產業評估與經營經驗，打造出一個平台，親自參與策略擬定、運營管理，創造出真正屬於自己的成績。

2006 年，我和其他 2 位夥伴一起創立了耕建築，專注經營都市更新與危老重建的市場。

低估市場與人性變數，戰線冗長，4 年燒光創業資金

大學畢業後，我赴美唸專案計畫管理，回國後一直在創投

業歷練，沒想到多年之後，我這個土木系的逃兵，又走回曾經熟悉、一度被認為是夕陽產業的領域。

從掌握高端技術產業的創投業，轉而走進保守傳統的建築業，看似沒有直接關聯，但本著在創投業培養出對產業未來發展趨勢的敏感度，我看到的是房屋重建的龐大市場潛力。全台六都 40 年以上老屋存量，占比最多的就是台北市：30 萬戶老屋，平均屋齡 34.6 年，占所有房屋數量的 36.9%，有著上兆重建的產值。

而內政部為補充都市更新條例第 36 條代為拆除相關執行辦法，於 2006 年發布執行注意事項等規定，也就是說，老舊房屋的重建將不再因為少數人的堅決反對而受阻。此外，台北市屋齡超過 40 年的老舊建物比例，只會逐年增加，再加上，人口高齡化、防震防火功能不足、違建橫行、管線安全堪慮，我們判斷老屋重建的需求勢必快速擴大。

只不過，如此積極投入，結果卻完全不如預期，公司成立前 4 年，都市更新重建案的開發，一個都沒有成案，股東與我的 1.2 億創業資金盡數燒光。

回顧當初，我們的確太輕忽拆除重建這件事，對屋主來說是一個多麼困難的決定。對安土重遷的傳統台灣人來說，他的家、他的房子，是他這輩子最重要的資產，不管再舊、再破，那都是一個可以遮風擋雨、休養生息的地方，而且，在不動產開發信託

條例通過之前，房屋拆掉之後的事，屋主們完全沒辦法掌握，或許只能被動地受建商擺布。在無法立即做出結論的狀況下，關起門來拒絕溝通，是多數人最自然，也最直覺的一種反應。

加上 2006 年都更自治條例剛剛完成修法，公部門、私屋主與建商仍在磨合期中，以及一直潛伏在行業中的黑影幢幢，我們的創業，一直在淒風黑夜中，苦苦等待黎明曙光。

行到水窮處，坐看雲起時 —— 莫忘初心

公司沒有錢，頻頻借調頭寸，讓我失去 2 位創業夥伴，也讓我賠上健康。

我們 3 位一起創業的夥伴，在公司一無所有的時候，懷抱夢想、興致高昂地組成團隊。然而，後來公司左支右絀，發不出薪水，週轉調錢希望大家一起努力撐下去的時候，我的 2 位夥伴卻在會議室裡淡淡的說，請我買回他們的股票，他們想退出團隊。這錐心的場景，讓人一輩子也難以忘懷。

為了資金週轉，尋求更多事業機會，不間斷的應酬，以致高血壓、重度脂肪肝、喘氣胸悶、食道灼傷潰爛等諸多毛病相繼上身，而我的體重也飆升到 92 公斤。當時，醫生很嚴肅地告訴我，一定要改變生活習慣。

因此我決定開始跑步，因為跑步不用占據太多工作和家庭時

間，對我來說是最方便，也最有效率的一個選項。

一開始，我只是上班前在大安森林公園跑個一、兩圈，沒想到就這樣跑出興趣，2年後，我挑戰人生第一個馬拉松，算是送給自己不惑之年的生日禮物。

我練跑原本只是為了健康，但很意外的，開始跑步之後，我發現自己的情緒趨於穩定，不易受外界事物影響，而且思緒也變得清晰，能理性冷靜思考。慢慢的，我開始在跑步過程中與自己對話，找出公司經營與個案的盲點。在跑過多場高難度的馬拉松之後，更讓我淬煉出堅強的意志與勇氣。對我來說，跑步就如打動禪，透過跑步，我可以釋放壓力，並從中得到自然的快感、真實的超越，成就另一個自己，跑步甚至驅動我追求自己真正渴望的人生。

感受到跑步的好處後，為了鼓勵全公司的夥伴、朋友、所有想跑步的人，或是想要運動卻動不起來的人，一起進入跑步的世界，我成立了「耕跑團」。我們一起接受訓練、一起征戰國內外的馬拉松賽事。事實上，我兩個小孩國小畢業前，我送給他們的成年禮，就是陪他們一起完成單車環島、泳渡日月潭、攀登玉山主峰與參加鐵人三項。我希望自己不只是看著孩子長大，更可以和孩子們一起冒險、體驗人生，在心志、身體受過磨練與淬煉孩子的心裡，埋下一顆種子，隨著孩子一輩子到天涯、到海角！

多年下來，我跑盡國內外大小賽事，我參加北海道薩羅馬

100 公里超馬賽，也前往世界六大馬拉松賽事之一的波士頓馬拉松朝聖，在首爾馬跑全馬 sub3，之後，又開始挑戰極地超馬，不僅完成了戈壁超馬 4 天 120 公里，也自負重穿越了非洲最古老沙漠那米比亞沙漠 7 天 250 公里，以及多場超級鐵人三項 226 公里，並上凸台。因為困難度越來越高，每次參賽，都是一種試煉，在極限運動的路上，挑戰、嘗試與推進自己在意志和體能的極限，我的步伐不僅跑在極限耐力運動的路上，同時也跑在人生這個競技場上。

「這次，我想當那個可以讓別人依靠的肩膀」

事實上，很多當時和我們一樣懷抱希望投入市場的人，後來也都踢到鐵板，其中甚至包括幾家頗具規模的業界先進。在察覺到市場的開發整合難度之後，大家先後退出，或者只承接已經完成整合的都市更新建案，不想繼續耗費時間和精力在與屋主溝通上。

最困難的不是面對各種挫折打擊，而是面對各種挫折打擊，卻不失去對人生的熱情。在難關之前，我可以找到千百個理由讓自己放棄，但我不願就這樣認輸。

過去 25 年的職涯裡，我一直覺得自己是幸運的，儘管挫折、打擊一樣也沒少，但在關鍵時刻，總能出現轉折與貴人。所以，面對眼前的處境，我決定繼續走下去，為支持我的股東和願

意每天持續奮戰的夥伴，扛起那不可知的未來。

這次，我想當那個可以讓別人依靠的肩膀。

深耕地域，開啟平等對話窗口，建立信任關係

幸而，經過 4 年的不斷試錯，雖然我們沒有談下任何完整的都市更新案，但我們慢慢找到與屋主溝通的方式。

在台灣，人和土地的連結是很緊密的，一個不相識的土地開發人員釋出的優渥條件，可能還比不上地方耆老的一句勸說。所以，我們花很多時間去深入經營每個區域，了解屋主的想法和需求，同時，也讓屋主認識我們，慢慢培養出彼此信賴的關係。當然，成案是我們的目標，但我們希望可以創造出一個和屋主平等對話的平台，不要讓屋主因為抗拒艱澀的建築法規和法律專業，而喪失重建家園的機會，或是在對合作條件一知半解的狀況下，勉強簽下合約。

而為求照顧好每一位屋主，我們沒有廣泛拓點，而是將所有的人力和資源都集中在台北市精華區，希望做到確實深耕。不可諱言，不管是重建或新建，台北蛋黃區絕對是房地產市場的一級戰區，我們必須面臨許多資金、規模、人力、資源都比我們龐大的競爭者，所以團隊唯一能做的，只有加倍努力。

創造雙贏共好，耕築美好生活

因為團隊夥伴的持續努力、屢敗屢戰，讓我們在市場上逐漸占有一席之地。除了幸運之外，我想這多半也是因為每一個案子，我們都是從共好的角度出發。的確，公司需要利潤才能生存，但我們更希望屋主可以因為重建，享受舒適、身心更加健康的生活，當他們搬回新家時，我們期待的是一個美好驚喜的感動。

所以，不管是大或小的建案，從屋主整合、送件申請、建築設計、監工銷售，我們始終卯足全力、如履薄冰，也因此，每一個完工交屋的社區，就如同一枚又一枚的馬拉松完賽獎牌，記錄著夥伴們胼手胝足的努力不懈，也為我們帶來更多為後續新建案屋主服務的機會。

當然，市場的考驗沒有一天停歇，2014 年政府課徵豪宅稅與兩稅合一，房價大幅回檔，讓我們在業績上大打折扣。而這兩年房價高漲，看似房地產業的一大利多，事實上，營建工程成本因原物料與缺工大幅上揚反而更提高了我們與屋主達成協議的難度，然而，面對這些接二連三的挑戰，我們希望自己的態度，可以一次比一次從容，因為我始終堅信，唯有把事情做好，和大家一起享受其中的美好，才能真正得到共好的價值。

我們的團隊從蹣跚學步，一直到現在，終於可以跑步、跳躍。過去我們致力打造賞心悅目的建築，未來我們想提供的是一

個更安全、更安心、更健康的居住環境，讓所有的屋主可以真正在他們的家園安身立命。

　　創業就像一場極地超馬，在起跑線上的是期待的興奮，與未知挑戰的焦慮。當鳴槍起跑後，唯有定心、堅持的跑下去，才能真切去體驗和欣賞賽道上的極地美景。雖然自己仍在邁向終點的拱門前持續努力著，但真心慶幸我仍然是那個始終充滿熱情、未曾放棄實現理想的自己！

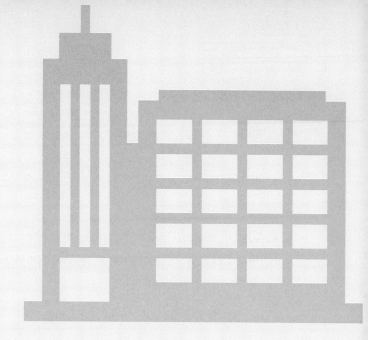

第 **1** 章

大家都在都更，
我家的老房子也可以重建嗎？

01

為什麼房屋需要重建？

　　每次參加活動，介紹自己從事的工作後，我最常被問到的就是：到底怎麼樣的房子才能都更？當然，都更只是一個統稱，我想大家真正想知道的應該是如何才能重建老舊房屋，重建時有什麼規定，屋主自己又該做些什麼準備。

　　在說明房屋重建的條件之前，我想先和大家聊聊，為什麼我們要重建房屋？當然，重建之後，屋宅一定可以變得更新、更美，住起來也更舒服，但這些都只是重建的附加價值，我們進行房屋重建的最大原因就只有兩個字——「安全」。

九二一地震前興建的建物須仔細檢視安全性

　　1999 年發生的九二一地震，造成全台超過 10 萬間房屋倒塌，近 2,500 人死亡。

　　因此在那之後，政府便將建物耐震標準提高到五級，以期讓後來興建的房屋可以具備更好的抗震性。相對的，九二一地震前

建造的房屋，因為少了法規的要求，也受限於當時的建材和施工技術，在安全性上十分堪慮，除了地震係數和建物耐震度，牆柱梁的韌性、梁柱接頭工法、鋼筋密度與彎曲角度等等，極可能沒有達到一定的安全標準。

或許有些人會想，如果房子可以安然度過九二一，也沒有因為三一一地震而傾斜、倒塌，那應該夠堅固了吧。事實上，地震對房屋造成的損毀是日積月累的，即使能夠安然度過兩次大地震，並不表示當時的強大震度沒有對房屋造成傷害，如果再來一次地震，難保依舊可以安然無恙。

買老屋來裝修真的萬無一失嗎？

此外，有些人因為房價或公設比的考量，選擇購買老屋，再加以裝修，這當然也是一個方法，不過，我卻也看到許多人買了老屋之後，只顧著把室內裝潢得美觀亮眼，卻忽略了老屋的潛在危險。

就拿 4、5 層樓的舊公寓來說，因為多半沒有地下室，地下基礎結構並不穩固，且梁柱尺寸或系統也沒有經過技師簽證確認，這些都會構成安全上的隱憂。另外，這種舊公寓通常已有 3、40 年的屋齡，當時的建造方式通常是先砌好磚牆，再以鋼筋混凝土搭建梁柱，但此類建物因面寬較小，梁柱之間的距離也比較短，且每根梁柱與牆都可能是屋體的重要支撐，不可隨意打

掉，在裝潢上有一定的限制，也難以因應家庭成員人數來改變室內隔間。

再者，現代人對各種生活電器的依賴與日俱增，但老屋的水電、消防、空調、汙水等機電設備通常都非常老舊，安培數也低，在供電不足的狀況下，很可能會引發火災。一般來說，水電管線的壽命約 15 至 20 年，若買老屋就必須考量管線老舊可能造成的危險，但如果所有管線都要重新布設，再加上基礎工程的補強，零零總總的費用加起來，並不是個小數目。

這個時候，我們實在很難說買老屋來重新裝潢，是一件划算的事。

重建雖工程浩大，卻一勞永逸

隨著科技的日新月異，建材與建築技術也日益精良，以這些新穎建材和精密技術所創造出的安全性和舒適度，絕非只做局部補強的老舊建築可以比擬，再加上政府的各種補助，屋主所需付出的代價也可控制在最小的範圍內。

至於那些已經無法單靠補強來改善居住安全的老舊或危險住宅，自然更需要慎重考慮重建的可能性。

房屋是一件可以代代相傳的資產，花個幾年的時間，換得眾多家人居住的平安與安心，我想絕對是一生值得的一件投資。

02

我家該進行都更重建，
還是危老重建？

　　基於政府的大力推動，以及民眾安全意識的提高，相較於過往，老屋重建的案例確實多了許多，許多老屋的住戶都因重建而得以享受更舒適、安全與健康的居住環境，甚至有些人還會特意購買位於都會精華地段的老屋，期待日後可以藉由重建讓住屋升級，同時也享有都會生活的便利與交通的便捷。

　　相對的，我也聽聞有許多老舊屋宅的屋主，雖然很想重建，但是，因為住戶之間無法達成共識、對繁瑣的相關規定不夠瞭解，或是找不到適合的建方等種種因素，導致重建一拖再拖，幾十年過去了，大家依然住在陳舊，甚至有些危險的老舊房屋中。

　　房屋重建是件大事，尤其對台灣人來說，屋宅，不僅是可以傳家的重要資產，更是安身立命的地方。要決定是否重建，又要和建方協商，之後還要重新安排家人的住處，對大部分人而言，都不是件容易的事。所以一開始，我通常會建議屋主先釐清自己

的條件和期待，並從中找到一個折衷點，如此才能透過重建，為自己創造更好的生活環境。

都更重建與危老重建的區別

雖然表面上看起來都是拆除老舊房屋，打造全新建築，但所謂的老屋重建，其實還分成都更重建與危老重建兩種，且各有不同的規定和配套措施。

都更重建主要是根據「都市更新條例」，配合政府改善居住環境等政策，所進行的房屋重建。包括所在位置，如是否位於都市計畫區域內、房屋的環境條件，如房屋是否足夠老舊、有無電梯、是否位於狹小巷道等等，都必須符合政府訂定的標準。此外，重建時需得到八成以上屋主的同意，且各縣市政府對最小重建基地規模也有不同的規定，以台北市和新北市為例，至少需有500平方公尺（約151坪）。（詳細說明請見 p.46）

只不過，都更重建雖然行之有年，因法規限制較多，程序也非常繁複，從提出申請到審核通過、執行、完工，所耗費的時間，短則5、6年，長則10年以上，成效相當有限。所以，政府另外制定了「危老條例」，讓規模較小的基地，或具危險性的老舊建築，可以即時重建。

危老條例的全名是「都市危險及老舊建築物加速重建條例」，顧名思義，就是針對具有危險性或一定屋齡的老屋所設定

的重建條例。所謂危險建築指的是海砂屋、震損屋等有安全疑慮的房屋，老屋指的則是屋齡 30 年以上、沒有電梯或改善不具效益的房屋。與都市更新不同的是，危老重建沒有面積的限制，但重建時必須取得所有住戶的同意。（詳細說明請見 p.40）

保留評估彈性，爭取最大空間

兩種重建條例雖然都規範得非常詳細，但通常還是得搭配實際狀況一起衡量，才能做出最適當的判斷。因此，每當接觸到一個新的案子，建方都必須幫屋主仔細評估房屋的條件和基本資料，再提出對屋主最有利的建議。評估時，我們必須衡量的條件包括使用分區、房屋現況、地區售價、社區規模等等，其中，最關鍵的兩大要素就是基地規模和屋主人數。

以基地規模來說，根據規定，都更重建至少要 500 平方公尺（約 151 坪），介於 500 至 1,000 平方公尺的基地雖然可以申請都更重建，但申請時有較多的限制，甚至必須經過各地區審議會或地方政府的核准。這個時候，小面積基地的重建必要性會受到比較大的質疑。畢竟，都市更新本來就是為了創造多數人的利益而設定的政策，所以，如果是不在公劃都更地區內的小型基地，我通常會建議屋主申請危老重建。

若從屋主人數這個角度來看，危老重建必須獲得所有屋主的同意，也就是說，只要有一位屋主不同意，整個重建案就會卡

	都更重建	危老重建
申辦資格	1. 位於都市更新地區或都市更新單元 2. 符合地方政府更新單元劃定標準 3. 30 年以上合法建築之重建或 20 年以上合法建築之整建、維護	1. 位於都市計畫區域內 2. 非歷史建築，不具文化歷史紀念藝術價值 3. 危險或老舊的合法建築
面積	各縣市政府對最小基地規模有不同的規定，以台北市和新北市為例，至少需有 500 平方公尺（約 151 坪）	不限
住戶同意比例	需達 80%，採多數決	需 100% 同意
審核時間	數年不等	最快 1 個月，平均約 3 至 6 個月
建屋分配	協議合建或權利變換[1]	與合建之建方協議
容積獎勵	上限是基準容積之 1.5 倍或原建築容積再加基準容積之 0.3 倍	上限是基準容積之 1.3 倍或原建築容積之 1.15 倍，另加 10% 的時程及規模獎勵[2]
稅務減免	土地增值稅、契稅、地價稅、房屋稅	地價稅、房屋稅

1　協議合建比較接近傳統合建的概念，地主必須100%同意，因此主要是依據屋主與建方協議的結果，主管機關不會太過強勢監督雙方分配比例；權利變換則是由建方（在都市更新程序法規中稱為「實施者」）依各縣市政府規定提列成本，並經過估價師估算更新前後價值，以決定屋主和建方可以各分得多少，換言之就是透過權利變換的估價機制，估算出每戶屋主產權的價值，再進行分配。後者因可減免的賦稅較多，為目前較常採用的方法。

2　為了加速危老重建的進行，在危老條例實施（2017年）起3年內提出申請的案件，政府會多提供10%的時程獎勵，第4年是8%，第5年是6%，逐年遞減。規模獎勵指的是，只要基地面積達200平方公尺（約60坪）以上，便可多得2%的獎勵，每增加100平方公尺，多0.5%，如果基地規模達到1,000平方公尺（約303坪），就可以拿到10%的獎勵。時程獎勵與規模獎勵兩者合計不能超過10%。

關。但是，如果屋主人數不是太多，換句話說，獲得所有屋主同意的難度不是太高，我還是會建議屋主先申請危老重建，因為危老重建的程序比都更簡單許多，如果一切順利，屋主們可以更快享受到舒適的新屋。然而，如果在過程中，不管再怎麼努力，最多也只能獲得八成屋主的同意，而且建築本身也符合都更重建的規定，我就會建議屋主轉軌申請都更重建。

以上只是兩個申請重建項目的簡單例子。事實上，在漫長的重建過程中，參與重建的任一方都可能碰到情、理、法等各方面的衝突。所以我認為，即使有了初步決議，只要尚未正式定案、動工，必要時，還是可以保留彈性，根據當下情況，看看是否有需要變更申請項目，以求讓重建順利完成。

左頁是都更與危老重建的條件比較，讀者朋友們可以先透過這個表格大致判斷一下，自己的房屋適合都更重建，還是危老重建。

03

危老重建的申辦資格

　　屋宅本應保護住民的安全，但若是建築本身因為受到重大外力毀壞或經年累月的耗損，而留下危險因子，不用說是保護了，恐怕還會讓居民受到肉體，甚至是精神上的威脅。

　　根據內政部於 2020 年 11 月公布的資料，全台住宅屋齡的中位數為 29.8 年。其中，台北市屋齡超過 40 年建物的比例為 40.39%。我們團隊在開發建案的過程中，的確也經常發現，許多住宅雖然乍看之下沒有異樣，但仔細觀察後，偶爾會看到斑駁剝落的牆面、外露的鋼筋，或是傾斜率超過 1/200，比比皆是，讓人忍不住要為住在屋裡的人捏一把冷汗。

　　之所以會出現這樣的現象，有些是來自天然災害的破壞，有些則是人為因素造成。

　　以自然環境來說，台灣有 3 個地震帶，因此三不五時便會發生或大或小的地震。如果是近 20 年內興建的建築，因為政府在九二一地震後提高了房屋耐震係數的規定，因此耐震度較高，多

能安然度過，然而，那些屋齡高達 3、40 年的老屋，因為建造時法規較寬鬆且技術不夠精良，多半經不起太劇烈的晃動。有些過去因地震受損的房屋，雖然當下沒有造成災害，或出現立即性的危險，但隨著時間的流逝，之前留下的裂痕或結構性的破壞，儼然成了一顆不定時炸彈。

至於人為因素則包含低劣的施工品質和建材，尤其是那些在混凝土中摻和了沒有處理乾淨的海砂，俗稱海砂屋的危險建築。因為購買房屋時，通常多裝修過，無法用肉眼判斷，所以也無從防備。等到住戶發現是海砂屋時，已經處於危險中。也難怪政府要推出危老條例，簡化申請程序和條件，藉以加快重建的腳步。

房屋要多老、多舊，才能申請重建？

既然是針對危老屋宅的條款，重建條件自然著眼於屋齡和房屋的安全性。

危老重建的申辦資格有以下三項，只要屋宅同時滿足這三項規定，就可以申請危老重建，且這些條件全國適用：

（一）位於都市計畫區域內

這一點和都更重建的資格是一樣的，只要上網查詢內政部營建署城鄉發展分署國土規劃入口網／相關連結（https://ngis.tcd.gov.tw），就可以知道屋宅是否位於都市計畫區。

（二）非歷史建築、不具文化歷史紀念藝術價值

根據文化資產保存法，若是公有地想進行開發，只要是 50 年以上的建物，就必須申請文化資產價值的評估。但若建物不是位於如大稻埕或萬華那樣的歷史街區，一般來說，大部分的私有住宅都不屬於具有文化歷史紀念藝術價值的建築。

（三）危險或老舊的合法建築

危險房屋的判定標準是，經建築主管機關依建築法規通知期限拆除、逕予強制拆除之海砂屋、震損屋，以及經結構安全性能評估，結果未達最低等級者。簡單來說，經主管機關認定，符合強制拆除，以及結構安全性能評估未達標準的房屋，都算是危險建築。

至於老舊建築的標準，原則上可由以下兩點來判斷，只要符合其中一點便算是危險建物：

（一）屋齡 30 年以上，無電梯，耐震性能評估未達一定標準者。

（二）屋齡 30 年以上，有電梯，耐震性能評估未達一定標準，且詳細評估後，判定改善不具效益者。

一般來說，評估時我們會以房屋興建的使用年期作為初步判斷的依據，如果是屋齡超過 30 年以上的磚造或鋼筋混凝土造建

物，多數都未達結構安全性能評估的一定標準；若建物形狀不方正或不對稱，梁柱出現損害情形，也有可能會被評估為未達最低等級，符合危險建物的標準。不過，如果是一或兩層樓建築，除非梁柱嚴重毀損，因為比較沒有傾倒的危險，不容易通過審核。

雖然上述的房屋毀損均肉眼可見，正式申請時，還是要以專業評估單位的評估結果為準。根據我的過去經驗，符合危老重建標準的老屋，未必是那些外觀看起來很陳舊的房子。有的時候，房子只是保養失當，未必真有安全上的疑慮。相反的，有些房子乍看之下安全穩當，實際上安全係數已經到達臨界點，必須盡快拆除、重建。而政府的這些標準，就是根據建物的安全性制訂出來的，所以，評估時必須根據政府的規定，一條一條進行確認。

重建需獲所有屋主的同意

危老重建的標準雖然訂得比都更重建寬鬆，但它有一個很大的關鍵，那就是重建時必須取得所有屋主的同意，這點大概是危老重建在申請上的最大挑戰。我們經常在新聞中看到某些社區屋齡已高達 3、40 年，座落的地點也相當不錯，但就因為無法取得百分之百屋主的同意，儘管屋況已經非常糟糕，還是無法進行重建。例如最近重啟都更作業、位於中正紀念堂旁的新隆國宅就是一個典型的例子，儘管十多年前就已被判定為海砂屋，住宅也出現鋼筋外露、土石崩落的現象，但因住戶眾多，同意重建的住戶數量始終未達門檻，所以居民也一直暴露在高度危險中。

也有些個案雖然絕大部分屋主都同意重建，卻因為部分土地產權不清，比方說，找不到屋主，或是沒有辦理繼承，而無法取得所有住戶的同意，造成重建時程的延宕，甚至被迫放棄，真的非常可惜。

透過重建，改寫屋宅的價值

然而，話又說回來，雖然產權不清會影響重建的申請，有時我們也可以趁著重建的機會，重新劃分產權，讓房屋或土地產生更大效益。

我們公司目前正在進行的一個個案，便是這樣的例子。屋主所擁有的屋宅是一棟屋齡高達 50 年的獨棟別墅，裡頭住了父母、已經成家的子女，甚至還有家族的第三代，但是，因這棟別墅最早是上一代針對一對父母和四位子女所設計，空間的規劃方式顯然不再適合目前的家庭成員。現今，這棟房子已符合危老住宅的標準，經過我們的評估後，決定在那塊基地搭建兩棟六層樓建築，父母和子女各分回一戶。除了屋主分回的面積，剩下的則與建方一併出售。趁著重建之便，子女繼承了部分父母的產權，已經成家的子女享有自己的生活空間，但因為住在同一個社區，所以依舊可以和父母互相照應。此外，父母也可售出多餘的產權，進行資產的規劃。可以說，透過重建，讓這棟屋宅發揮出更大的價值。

處理這個案子的過程也讓我深深感受到，房屋重建除了能為屋主提供一個更加新穎、安全、舒適、健康的生活空間，更是人生下個階段的起點。畢竟，當我們有了一個溫暖而堅固的堡壘後，人生的無限可能也將隨之而來。

04

都更重建的申辦資格

　　這幾年，有幾個都更案因為建方和屋主意見相左，或者在條件協議上沒有共識，因而在重建過程中發生激烈衝突，也引起社會輿論的廣泛討論，相信大家多少都聽過一、二。

　　事實上，因基地面積較大（1,000 平方公尺以上），都更重建在社區功能的營造上，擁有更大的發揮的空間。比方說，原本沒有停車位的，可以規劃出車庫，如此一來，住戶就不用每天辛苦的為愛車尋找車位；原本沒有大廳的，可以另外打造一個大廳，不僅可以增加住戶的活動空間，也能管控進出人員，提高社區的安全性。此外，若基地夠大，甚至還能打造中庭花園、圖書室、交誼廳、健身房等休閒設施。透過重建而增添的現代化與健康安全設計，除了可以換來一個更舒適健康的生活環境，也能讓舊有房屋增值，整體來說，本應利多於弊。

　　然而，也因為基地面積大，需要溝通、協調的屋主也比較多，意見不同和發生爭執的機率相對也比較高，再加上程序繁瑣，動不動就拖個 10 年以上，所以重建的成功率遠低於當初政

府的預期。我自己就曾經聽過好幾個個案，不但位於所謂的蛋黃區，基地的規模也不小，可說是擁有極佳的都更條件，但就因為始終沒能拿到八成住戶的同意，而讓整個案子一延再延。

規模越大的社區，難度通常也越高，但只要大部分屋主都有心，就有順利重建的機會。只是，都更這條路走起來可能會稍微久一點，建議大家做好長期抗戰的心理準備。

都更重建要符合哪些條件

相異於危老重建沒有規模大小的限制，都更重建著重的是多數人的利益，其申辦資格簡述如下：

（一）位於都市更新地區或都市更新單元

如果不知道自家住宅是否被劃入「都市更新地區」或「都市更新單元」，可以上都市更新入口網點選都更查詢。

（二）符合地方政府更新單元劃定標準

如果不符合第一項，就必須依第二項規定向各縣市政府申請自行劃定更新單元，以符合都更資格。

（三）30 年以上合法建築物之重建，或 20 年以上合法建築物之整建、維護

關於這一點，各縣市政府均有不同規定，且每年均會進行微調。以台北市來說，共計有 9 項評估標準 *，其中以下列 2 項最為重要：

　　1. 更新單元內建築物符合下列各種構造之樓地板面積，占更新單元內建築物總樓地板面積比例達二分之一以上，且經專業機構之初步評估，其結果為未達最低等級或未達一定標準之棟數，占更新單元內建築物總棟數比例達二分之一以上者。

　　（1）土磚造、木造、磚造及石造建築物

　　（2）20 年以上之加強磚造及鋼鐵造

　　（3）30 年以上之鋼筋混凝土造及預鑄混凝土造

　　（4）40 年以上之鋼骨混凝土造

　　2. 更新單元內符合第三款 * 所定各目構造年限之合法建築物

---

* 　以台北市 108 年公告之自行劃定評估標準為例，以下 9 項中必須符合 2 項，但位於已開闢或經都市計畫變更公告之捷運場站周邊區域，以捷運車站之出入口為中心，半徑 300 公尺內者，則只要符合 1 項指標即可。
1. 更新單元內屬非防火構造之窳陋建築物棟數，占更新單元內建築物總棟數比例達二分之一以上，並經下列方式之一認定者：
　（1）經建築師或專業技師辦理鑑定並簽證
　（2）經專業機構辦理鑑定
2. 更新單元內之巷道有下列情形之一者：
　（1）現有巷道寬度小於 6 公尺者之長度，占現有巷道總長度比例達二分之一以上

棟數，占更新單元內建築物總棟數比例達三分之一以上，且符合下列二款情形之一：

（1）無設置電梯設備之棟數達二分之一以上

（2）屬台北市政府消防局公告之搶救不易狹小巷道

3. 更新單元內建築物符合下列各種構造之樓地板面積，占更新單元內建築物總樓地板面積比例達二分之一以上，且經專業機構依都市危險及老舊建築物結構安全性能評估辦法辦理結構安全性能評估之初步評估，其結果為未達最低等級或未達一定標準之棟數，占更新單元內建築物總棟數比例達二分之一以上者：

（1）土磚造、木造、磚造及石造建築物

（2）20 年以上之加強磚造及鋼鐵造

（3）30 年以上之鋼筋混凝土造及預鑄混凝土造

（4）40 年以上之鋼骨混凝土造

4. 更新單元內建築物有基礎下陷、主要梁柱、牆壁及樓板等腐朽破損或變形，足以妨害公共安全之棟數，占更新單元內建築物總棟數比例達二分之一以上，且前揭建築物之構造符合前款各目年限，並經下列方式之一認定者：

（1）經建築師或專業技師辦理鑑定並簽證

（2）經專業機構辦理鑑定

5. 更新單元內建築物經台北市政府工務局衛生下水道工程處確認，未銜接公共汙水下水道系統之棟數，占更新單元內建築物總棟數比例達二分之一以上。

6. 更新單元內符合第三款所定各目構造年限之合法建築物棟數，占更新單元內建築總棟數比例達三分之一以上，且符合下列二款情形之一：

（1）無設置電梯設備之棟數達二分之一以上

（2）法定停車位數低於戶數十分之七之棟數，達二分之一以上

7. 更新單元內未經台北市政府開闢或取得之計畫道路面積，占更新單元內總計畫道路之面積比例達二分之一以上。

8. 更新單元內之合法建築物現有建蔽率大於法定建蔽率，且現有容積未達法定容積之二分之一。

9. 更新單元內平均每戶居住樓地板面積，低於本市每戶居住樓地板面積平均水準之三分之二以下，或更新單元內每戶居住樓地板面積，低於本市每戶居住樓地板面積平均水準之戶數比例達二分之一以上。

（2）法定停車位數低於戶數十分之七之棟數，達二分之一以上

事實上，第三項條件是第二項的延伸說明，所以嚴格來說，只要符合前兩個項其中之一就可以申請都更重建。

位置與屋況均須符合條件

看到這麼多條文，可能大家都有點頭昏腦脹，簡單來說，除了住宅的位置必須被劃入都市更新地區，不然就必須符合房子老舊、使用不便，或是有安全疑慮等條件，以申請自行劃定更新單元。不過，相較於危老重建必須取得所有屋主的同意，都更重建只要得到八成屋主的同意就可以申請。

就以我們團隊在 2017 年完成都更重建、順利交屋的耕曦建案來說，重建前，臨羅斯福路那側是屋齡超過 50 年的木造建築，臨浦城街那頭則是 4 至 5 層的鋼筋混凝土造建築，完全符合當年台北市自行劃定更新單元的指標規定。後來，我們開始與所有屋主進行協調，在取得近八成屋主的同意後，便依都市更新法規相關規定幫屋主申請行政程序、然後施工，重建成如今的 25 層超高住宅大樓。

我們團隊花了將近 11 年的時間，才完成整個社區的整合、申請程序與重建，現在回頭看，真是感觸良多。重建前的那棟鋼筋混凝土建築，在 40 年前建造的當時，四周盡是綠油油的稻

田，完全沒有現今的熱鬧景象。或許我們再也無法找回昔日的純樸氣息，但環境和住居的進化，確實也讓住戶在享有健康、安心、安全、溫暖的屋宅之後，有更多的餘裕去感受生活本身的意義和樂趣。

05

同時符合兩種資格時，該申請哪個項目比較有利

　　都更重建和危老重建各有不同的背景、目的和考量，所以申請條件也不相同。因為都更重建的條件比較嚴格，所以符合都更重建標準的，通常也符合危老重建的條件。

　　在我們團隊經手過的眾多個案中，就有幾個同時符合兩種條件的案例。從某個角度來說，這樣的屋宅申請通過的機率會比較高，因為在申請時，它有兩條路可以選擇，一條不行就換另一條。也因此，一如先前提到的，重建時，我們通常會先幫屋主評估重建後的效益和執行的難易度，再視當時的狀況機動調整。畢竟，重建這條路一定得走到最後，才能享受甜美的果實。一旦中途卡關，不管是因為同意重建的屋主人數不足，還是屋主與建方在分配比例上無法達成協議，所有的努力，恐怕都是白忙一場。

決定申請項目的兩大準則

而針對那些同時符合兩種條件的屋宅，我認為可以從以下兩個大方向來思考要用什麼項目申請：

（一）基地規模

小於 1,000 平方公尺的基地雖然可以透過特別申請來進行都更重建，但申請時會有一些門檻，所以，針對這種小規模的基地，我通常會建議屋主先申請危老重建。相反的，如果是確定可以通過地區審議會核定的基地，那就可以同時考慮都更重建，因為都更重建只需要八成屋主同意即可。

（二）屋主人數

雖然基地規模已經達到都更重建規定的 1,000 平方公尺，但若屋主人數不是太多，換句話說，取得所有屋主同意的共識機率不算太低，我會建議屋主直接申請危老重建，因為危老重建程序比都更重建簡單許多，速度也比較快。相對的，即使基地規模不算太大，但屋主人數很多，我就會建議先申請都更重建。

保持客觀角度，切勿因小失大

因為各地方政府針對都更重建和危老重建都設有容積獎勵（詳細說明請見 p.116）和賦稅上的優惠（詳細說明請見

p.125），而且都更重建不管在獎勵值或稅務優惠上，都比危老重建好一些，所以，有些屋主可能會為了要爭取多一點的容積獎勵，或省掉某些賦稅，而傾向申請都更重建。

這個時候，我通常會站在一個比較中立的角度幫屋主分析。或許都更重建在賦稅上的獎勵較多，但地方政府動輒數年的審議時間並不算短，屋主必須衡量現實條件，評估一下是否值得花數年的時間等待。

另外，根據建築法規，為了留給行人更多的步行空間，建物興建時必須往內退縮，如果基地規模不大，又想增加容積，就只能往上蓋。但這個時候，又會因為建築相關法令上關於削線檢討（如建築高度檢討、面前道路投影檢討、高度比檢討等）或航高限制等規定，而無法蓋得太高，所以有的時候獎勵根本用不完，實在沒有必要為了容積獎勵而堅持申請耗時的都更重建。

而就實際面來說，根據我們過往的經驗，一般重建都有其急迫性與必要性，再加上都更重建非常耗時，因此，我們會優先評估危老的可能性，並以此為基礎，和屋主洽談合建事宜，簽署合建契約。但因危老重建需要得到 100% 屋主的同意，具相當的困難度，所以我們會在合約中保留轉軌都更重建的彈性，並以同樣的合建條件和屋主繼續合作，以保障屋主的權益。

住戶多且屋主複雜 老屋變身鋼骨大廈的華麗挑戰

建案名稱：耕曦

建案地點：羅斯福路三段55號

都更／危老：都市更新（採權利變換方式實施，建方為實施者）

合建／委建：屋主委建、公有地權利變換

一個原本不被看好的委建案，如何透過屋主與建方的緊密合作，從4樓的鋼筋水泥建築，重建成25樓的鋼骨超高樓社區……

　　要完成一個重建案，不僅要整合屋主、籌措資金、委任預售，還要監督管理營造廠的施工進度與品質，並負責完工後的服務。即使對專業的建方來說，都是項繁複的大工程，對一般屋主而言，更不是件容易的事。但在我們團隊參與的眾多建案中，就有這麼一個社區，在我們的主導與協助之下，以部份權利變換、部份委建的方式，成功重建成 25 層樓的超高建築，雖然歷經 10 年才終於完工，但過程中卻也留下許多寶貴經驗，非常值得和大家分享。

時代的轉變，老屋的更迭

　　在耕曦社區那塊基地上，最早蓋的是日式木造建築，而林伯

伯便是最早入住這裡的居民之一，他在 1946 年搬入，並開了一家傳統雜貨店。當時，四周盡是平房式的公家宿舍和泥土路，以及沒加蓋的水溝，人口稀少，和今天的熱鬧景象，完全不可同日而語。

後來，木造房屋經過重建，變成耕曦社區的前身，一棟 4 層樓的鋼筋水泥建築。當然，即使是鋼筋水泥，還是敵不過漫長歲月的風吹日曬，以及因使用造成的傷害，40 年之後，這棟鋼筋水泥建築已經變得相當老舊，正好都市更新條例於 1998 年正式實施，於是，開始有人上門探尋耕曦的屋主是否有意重建。

「其實，當時的那家公司並非建設公司，它沒有資金，只做整合，然後再幫忙住戶送件給政府申請。」林伯伯的三兒子林先生說。而我們團隊也差不多是那個時候透過朋友的介紹，開始和耕曦的原屋主接觸。

當時，我們公司才剛剛起步，一開始就接觸到這麼大規模的案子，自然是百般慎重。經過多番思考和準備後，我們團隊提出了大家一致認為對屋主來說最有利的方案。雖然林先生笑稱，當初是因為我的親切笑容和周到的禮貌，讓他們覺得自己備受禮遇，所以決定把案子交給我們團隊，但我相信，在笑容背後，他們應該也感受到了我們團隊的誠意和完整的規劃。

紀律加組織，創造都更重建案的典範

就如我再三強調的，在部分委建、部分權利變換的狀況下，建方必須自己負起主導和監督營造廠的責任，而這並不是件容易的事。幸而，在重建的過程中，有一個居功厥偉的關鍵人物，那就是林伯伯的二兒子林二哥。

林伯伯退休後，雜貨店便由林二哥接手經營。後來，因為不敵 7-Eleven、全聯等現代賣場，再加上 30 幾戶的屋主也需要一個空間討論重建事宜，2006 年，林二哥索性把雜貨店收掉，將騰出的空間用作住戶交流意見的場所。

「當時的住戶都已經在這裡住很久了，彼此非常熟悉，只要有不了解的地方，就會跑到雜貨店來詢問，我們也會把大家的問題一一記錄下來，加以統整。」林先生回憶當時說道。相較於其他討論時總是七嘴八舌、各持己見，難以達成共識的中大型社區，耕曦的屋主顯得相對有紀律，當然，不管是在融資金額、坪數分配等議題上，大家還是會有意見相左的時候。但是，個性直率的林二哥通常會在眾人僵持不下時，站在一個較為中立的角度來引導討論的進行。因為林二哥在社區頗受人敬重，所以他的態度往往可以在重要時刻，影響其他屋主，也因此，即使大家偶爾會因為觀點不同而發生爭執，但每次爭執之後，都可以達成結論，而社區的重建之路也就在這一次又一次的討論中，逐漸成形。

不因為年長而抗拒重建

根據我們的經驗，很多長輩對耗時且需大興土木的重建都有些許抗拒，偏偏耕曦社區在重建之前便是 40 多年屋齡的老房子，許多住戶又都是一開始就住在這裡，所以自然年紀也偏長。但是，年齡這項因素對大部份的耕曦原屋主來說，似乎沒有形成阻力，反而因為多數人對重建都抱持著正面態度，而加速了重建的進行。林先生告訴我們，開始討論重建時，今年高齡 96 歲的林伯伯也已經 81 歲了，但一生從商的經驗告訴他，如果想得到比較大的利益，就必須承擔比較大的風險。所以，儘管重建過程中有那麼一點不確定性，他還是鼓勵大家要勇敢放手去做，而也是因為老人家的精神敦促了重建案加速進行。

事實上，在耕曦建案剛開始進行時，都更成功的案例還不是太多，更何況這又是一個部分權利變換、部分委建案，狀況顯然比較複雜，所以很多人都不是很看好。但屋主們還是不斷持續的討論、磨合，並且將意見回饋給我們，讓我們可以針對大家的想法進行調整。等重建案的方向大致確定之後，屋主們甚至還從所有住戶中，找出具有土木、會計、公部門經歷等等各種專業知識的人組成工程委員會。除了管控經費的進出，也代替所有屋主監督營建工程的進行，而在大樓開始興建後，林二哥更是非常辛勤的每天到工地勘查，唯恐有任何疏漏。另外，社區住戶中的曹家姊夫，則是從開工第一天開始，便在兩面臨路的路口，每天持續進行同一角度的攝影，從零開始，花了整整 3 年的時間，記錄了

工程的變化與完整的建造過程。看到屋主為自己的家園如此熱情投入，我們團隊當然也不敢有一絲鬆懈。

協助整合國有地，提高重建效益

和其他重建案不同的是，重建之前，耕曦社區前方臨大馬路上方有一大片國有地，曾經有段時期，這塊土地上的房子被拿來當作交通部公路局（現為國光客運）員工的宿舍。後來，因年久失修，顯得相當破舊，但因國有地無法買賣，所以我們團隊加入之後，花了一番力氣，將那塊國有地和耕曦原有基地加以整合，一起重建。後來，因為基地夠大，加上鄰近兩所知名大學，所以房價大幅提升，創造出極高的重建效益。

林先生形容他們自己是一個小型建方，在我看來，確實是有幾分像。因為自建部份的所需工程款，都由我們協助屋主向銀行申請融資，完工之後，屋主將多餘的房子賣給我們，由我們轉售給新的屋主。

經過我們的規劃之後，原本只有 30 幾戶的建築，轉身一變，成為一個 123 戶的中型社區，而為了方便所有住戶加購或售出房屋坪數，我們還幫社區打造了一平台，一切找補都在平台上進行，非常公開透明。

在這個建案中，我們團隊的主要任務是幫屋主整合、監督各個專業團隊，也協助雙方溝通。團隊和屋主的互動非常頻繁，不

只一個屋主來告訴我，負責專案的同仁總是能站在屋主的角度為他們著想，深恐他們在過程中喪失一點權益。雖說屋主和建方的立場有時是對立的，但我非常樂意聽到這樣的「讚美」，也很慶幸屋主有感受到我們的投入和用心。

比較遺憾的是，在整合重建過程中一直擔負著巨大責任和壓力的林二哥，在交屋後 3 年，便因病辭世。

全新的生活空間，加強屋主間的緊密連結

建案完工後，住戶也陸續搬回，因為住戶中有許多都是在重建之前就居住 45 年的鄰居，所以大家的感情特別好，對家園的愛護之情，更是超越其他幾乎是全新住戶的社區。「之前，因為清潔外牆，清潔工人操作械具時不當造成繩索摩擦牆壁，導致磁磚鬆脫，從頂樓掉下來。雖然很幸運的沒有砸到人，但我們還是趕快在附近擺了幾個盆栽，盡量不要讓人家靠近那個危險點，以免萬一磁磚再次鬆脫，造成意外。」今年被推選為社區副主委的林先生跟我們分享了一個社區最近發生的小意外。從他們處理意外的慎重和速度，我們完全可以感受到，他們對這個花了 10 年才打造完成的家園有多麼珍惜。

此外，另一位原住戶標哥則是很積極投入社區營造，他主動帶領大家認領宜蘭小農的土地，並請小農教導大家如何栽種稻米，大小朋友一起感受大自然的力量。後來，這個活動也引起非

常熱烈的迴響。這些良性互動，一方面是基於老住戶之間的深厚情感，另一方面，也是因為大樓重建之後，有公共空間可以舉辦聚會，所以才能進一步加強住戶之間的連結。

耕曦是我們團隊交出的第一張都更重建成績單，不管從哪個角度來說，都具有很特別的意義。不過，完工、交屋對我們來說，從來不是建案的終點，因為我們更期待看到屋主搬回新家後，能夠因為居住環境的改變，而擁有更好的生活品質，並且讓這個影響延續到他們的下一代，甚至下下一代，生生不息，就像公司當初設立的初心「耕耘、薪傳」。

都更／危老重建小教室

＊若選擇委建，屋主間的信任非常重要，最好每一個議題都能在公開場合進行討論，並請所有住戶參與，而每一場會議或每一筆支出也都要留下正式紀錄，供日後查閱。

＊顧問公司或開發公司通常只會協助屋主整合或送件申請，不負責日後的興建與銷售，委託時，屋主務必慎重考慮這樣的模式是否可以滿足自己的需求。

＊當屋主有加購或售出坪數的需求時，最好能以一個公開透明的模式來進行，以減少紛爭。

＊國有地雖然不能買賣，但可以透過建方的努力，爭取合建的機會，提高重建效益。

1 | 1

2

1. 高達25層，加上建築大師李天鐸設計的大器外觀，讓這棟樓成了附近最具指標性的建築。
2. 社區重建前是4層樓高的鋼筋水泥建築，不僅外觀陳舊，安全也十分堪慮。

3

———

4

3. 氣派又不失典雅的大廳，讓人一進門就感受到社區與眾不同的氣質。

4. 位於 14 樓的交誼廳，可舉辦交流活動，也方便住戶招待來訪親友。

Notes

Notes

第 **2** 章

房屋重建該如何進行

01

房屋重建的好處

　　或許是因為房屋重建會牽扯到多數人都不太了解的建築與法律專業知識，再加上重建本身就是一個耗時費力的大工程，所以儘管屋況已經不是太好，還是有許多屋主對重建一事感到卻步。

　　其實，重建不僅可以改善居住環境，也可作為家庭資產分配的方法，或退休養老的規劃。而且，為了實現都市計畫，政府也針對都更與危老重建，提供多項容積獎勵和賦稅優惠，這些對屋主來說都是難得的利多。即使暫且撇開建方這個角色，我也想誠心建議屋主，不妨進一步了解房屋重建可以為自己生活帶來的轉變，再做最後決定。

從生命的各個面向，重新思考重建的好處

（一）改善居住品質

　　台灣人多半重視家庭生活，若能住在一個舒適的環境中，生活品質自然也會跟著改善，對人生來說，堪稱是非常有價值的

投資。

（二）加強住宅安全性

除了海砂屋、震損屋或輻射屋這種有著明顯危險性的房屋，其實，房屋中的種種因子，包括建材、油漆、防火與防盜系統的品質等，無時無刻都影響著我們的安全與健康。

託現代科技之福，現在我們不但可以在住宅中隔離有害元素，還能更進一步透過新穎的現代設備，創造有益健康的環境，包括空氣淨化（當層排氣、自然通風與空氣對流）、水質改善（濾淨與檢測）、房屋建造（健康低毒建材、防疫設備）、噪音控制（窗戶、樓板分戶牆、地板制音及機電設備的制音規劃）、全棟防水系統（結構防水、排水、防洪、斷水防汙）等等。

健康住宅是全球的潮流，也是我們團隊正在努力的方向，除了大方俐落的建築外觀，我們更在乎能不能給屋主一個健康的生活空間。

（三）提升房價

重建之後，房屋的價值通常會大幅提升，日後若有出售或出租的規劃，屋主的收益必然也會跟著大幅增加。

（四）方便進行資產的繼承與分配

和我們合作的屋主中，便有幾位趁著重建之際，將房產分配給子女，或是共同繼承房產的家族成員，因此解決了資產分配問題。同時，也可針對不同家庭成員的需求來進行房屋設計，提高空間利用的效益。對屋主來說，也等於是早一步為人生的下半場做好準備。

在資產分配的過程中，多數屋主都會遇到法律問題，這個時候，我們團隊也會提供免費的法律諮詢服務，讓屋主在處理資產的繼承或轉讓時，可以更加順暢。

（五）以房養老，改善退休後的經濟條件

近年，政府極力推行以房養老政策，也就是說，在退休且沒有收入之後，可以用自己持有的房屋向銀行申請貸款作為生活費。因為銀行的貸款額度和利息主要是依照房屋的價值，亦即房屋所在地與屋況來決定，如果可以透過重建提升房屋價值，退休之後在經濟上就能更有餘裕。

要了解複雜的重建相關法規，可能不是那麼容易，所以很重要的一點是，要找到一家值得信賴且樂意提供協助的建設公司。如果在徹底了解房屋重建的好處之後，依然決定不進行重建，那請大家至少要確認住宅安全無虞，有需要補強之處，也請立即處理，千萬不要拖延或抱著僥倖的心理。

02

公辦都更、民辦都更、
自辦都更的差別

　　我記得有次在舉辦說明會時，一位屋主跟我說：「如果我自己準備資料、自己向政府申請、自己找營造廠，那房子蓋好後，就不用分給你們這些建設公司了。」以流程來說，這話或許沒錯，但實際上，這幾年我也碰到不少屋主原本打算一切自己來，但花了幾年的時間，發現一點進度都沒有，最後還是回頭找我們幫忙。

　　之所以會出現這樣的現象，多半都是因為申請都更重建所耗費的時間與人力成本都非常高，也需要相當的建築和營造專業知識。屋主除了必須自己準備大量資料，還要出席與政府單位的會議，若缺乏相關專業知識或足夠的資金，執行時往往困難重重。當然，成功的案例還是有，只是相對的，在重建的過程中，屋主自己必須付出相當的心力。

　　正確說來，都更重建可依據主導者的不同，分成 3 種類型，

我們不妨先來了解一下這 3 種類型的執行方式與優缺點。

公辦都更

　　一切由政府主導，實施者由政府徵選，資金則由徵選上的實施者負擔，事實上，這也是公辦都更最大的好處，屋主不僅不用出資，因為實施者有政府監督，所以也比較不用擔心過程中會發生什麼問題。不過，絕大部分公辦都更的對象都是大規模的公有地，如果屋宅不是緊鄰或位於這些基地的範圍內，通常比較沒有機會參與公辦都更。

　　此外，就算很幸運的有機會跟公有地合辦都更，除非基地夠大，重建後的建築可以分棟，否則自家住宅很可能會跟公家的辦公室或公家眷舍混在一起，一起參與公辦都更的屋主必須先有心理準備。

民辦都更

　　亦即由建方代為執行，包括和所有屋主洽談、評估屋宅條件、準備資料向政府部門提出申請、銷售（包含預售）、發包給營造公司，一直到後續的監工、交屋、客服，都由建方主導，建方和屋主屬於合建關係。完工後的房子，除了屋主應分得的部分，其餘必須交由建方，此部分為建方應享之所得。

建造過程中，除了應繳納給政府的稅費及預繳的管理費之外，不須繳交任何費用，也無需看前顧後，一切都交給建方即可。因此，對屋主來說，最關鍵的部分就在建方的專業、可信度及分配條件自己是否可以接受。

執行時，民辦都更有 2 種模式，一種是權利變換，另一種是協議合建。

權利變換採多數決，建方只要取得法定的同意比例，就可以申請，而且可減免的稅賦項目也比較多（詳情請見 p.125），因此一般多採取這種程序。但是，因為要多走權利變換計畫的審查程序，若未與事業計畫併送，等於要花多一倍以上的審議時間。

權利變換方式的重點是引進估價機制，由估價師估算各個屋主所持有的土地與建物的更新前價值，換算成比例，然後屋主再依此比例計算應支付的成本。但並不需要支付現金，而是以同等值的房地折抵給實施者，也以同樣的比例分配更新後的價值並選配房地；而建方則以支出的成本（稱為共同負擔）換回同等值的房地產權，但共同負擔提列的項目與標準必須依照各縣市政府的規定。

協議合建則需要取得全體屋主的同意方可申請，但只要事業計畫程序核定，即算完成。執行時，基本上是依據屋主與建方協議的結果，主管機關審議的重點在於獎勵值的核給及建築計畫的審查，分配比例就尊重屋主與建方的合意。

以往屋主因考量賦稅優惠，較少採行這種程序，但政府為了加速都更重建，在 2019 年都更條例修法時，增列了採協議合建方式可申請獎勵值的項目，也增加了抵付給建方共同負擔部分的土地增值稅及契稅減免，以鼓勵屋主採協議合建方式，縮短都更流程。

但其實 2 種方式都是基於與建方合建的概念，只有些許法定程序的差異，因此本書中提到的合建，均概括權利變換與協議合建兩種方式。

因為都更重建有一定的難度，所以絕大部分都是民辦，也就是說由建方代勞處理所有重建事宜。除非屋主自己對重建有什麼特別的想法或要求，或者不希望建方來分享更新重建後創造出的新價值，否則，對一般屋主來說，這應該是最單純，也最省力的方法。

自辦都更

自辦都更就是從協調、申請、銷售（包含預售）、施工，一直到交屋，所有過程都由屋主自己來監督、執行。因為都更的程序非常繁瑣且冗長，所以，只要建案達一定規模，屋主也可以選擇將上述的專業工作委託給建方或建經公司，再由對方負責和建築師、營造公司等相關團隊溝通。在這種狀況下，屋主和建方屬於委託關係，資金必須由屋主以自己的土地自行向銀行申請融

資，而非由建方出資，相對的，建方也沒有權利銷售房屋，獲取其中利潤，而是向屋主支領服務費。

必須注意的是，由於設計、廠商選擇及採購預算等均由屋主主導，即便有建經公司從旁協助，若屋主想節省開支，在尊重屋主的前提下，建方或建經公司可能不會花太多錢在設計、設備或工程細節上，建案的整體品質也可能會打些折扣。

由於自辦都更是屋主自己出資，為了表示鼓勵，在代表所有屋主執行重建業務的更新會成立後（詳細說明請見 p.122），在每個不同行政程序階段，政府都會以實支實付的方式，提供一定金額的費用補助，這算是自辦都更的一個小小利多。因為這個更新會屬於正式的法人組織，在運作上需要一定的費用，所以，除了政府的補助之外，通常也必須向會員，也就是參與都更的屋主收取會費。而且所有資金運用都必須依照法定的會計處理程序，如果沒有順利重建，更新會也必須依法定程序正式解散，否則無法委託其他實施者進行重建。

此外，向銀行融資時，因為是所有屋主以自己持有的土地來申請融資，如果有部分屋主沒有按時繳交應繳利息，或是有屋主在重建過程中過世，銀行必須依據融資契約的規定代墊利息，或由全體屋主代為繳納，又或者暫停程序，等繼承手續辦完再續行。在這種狀況下，重建所耗費的時間就變得更長了。

當然，這 3 種方法沒有絕對的好或壞，各有其優點，當然也

有各自必須付出的代價。如果想和建方合建，可以參考他們過去完成的案例品質，並注意溝通過程是否有言詞閃爍或隱蔽不明之處；如果決定自建，那社區鄰居的向心力和共識就很重要了，畢竟這個時候建方只是一個輔助的角色，大部分的時候還是要由屋主自己決定整個建案的走向；若是有機會參加公辦都更，因為公辦都更有一定的程序，若涉及私有地，還必須先整合私有地，所以時間會拉得相對長，此外，因為政府通常會以產權維護、達成既定使用需求為優先，而不是以私有地屋主的想法為主，重建時屋主必須配合公辦的所有時程和需求。

不管屋主選擇哪一種方法，我都會建議大家，在討論過程中，務必確認所有的合作條件，以及可能產生的風險，並且把所有可能發生的狀況都估算進去。如此，萬一真的出現問題，也比較不會措手不及。

03

屋主與建方的初步接觸

　　「有土斯有財」是台灣人根深蒂固的觀念，許多人拚搏了大半輩子，就是為了買下一戶可以安身立命的房屋。也因此，每當我有機會面對屋主，向他們說明重建的進行方式時，我都會不斷提醒自己，務必站在屋主的角度來思考，畢竟我們要拆掉、重建的，有可能是他畢生的心血，他理當會有許多疑慮和擔憂。

　　在知道自己的屋宅符合重建標準後，有些積極的屋主會主動向建方探詢為其重建的意願，當然建方也會不斷尋找適合自己團隊的個案。

　　一般來說，發現適合的標的後，我便會和團隊夥伴針對那塊基地做一個全盤的分析和評估，看看該基地是否符合重建的法定條件、可能獲得什麼重建獎勵、是否有足夠的重建效益，然後再研究一下適合走哪一種申請程序。確認可行之後，再與屋主，或是代表屋主的窗口接洽。

第一步，從熟悉彼此開始

初步接觸之後，如果大部分的住戶對重建都很期待，我們便會召開重建說明會。這個說明會有兩層意義：第一層意義是，讓所有屋主知道，專業團隊正式進場啟動，協助社區進行重建；第二層意義是，讓屋主認識我們的團隊，並且清楚說明重建過程與法規的限制，幫助屋主在這些前提下，重新整理自己的需求和期待。

除了承蒙合作過的業界好友推薦，也有些屋主會主動打電話給我們，希望我們可以前往評估重建的可能性。不管來源為何，對我們來說，當通過評估、決定著手開發之後，我們的第一個動作就是要竭力和屋主溝通，務必讓他們了解何謂重建、法令規定、重建程序，以及屋主可能因重建獲得的價值。

隨著獲得的資訊越來越多，屋主也會有自己的想法，這時我們就會進一步和屋主接觸，了解大家對提案的態度。如果屋主的反饋也很積極，我們就會提出合建契約、初步規劃或設計方案，契約上會載明屋主與建方的權利和義務。而在這個階段，屋主通常也會針對各自的狀況提出各種問題，其中，最需要花時間溝通的，就是屋主對分房比例的期待。

透過不斷溝通，拉近現實與期待的差距

在過去這幾年，我們經常發現有些屋主對都更重建的印象，還是停留在政府多年前提出「室內坪一坪換一坪」的口號（室內坪指的是實際使用的主建物面積，不包含陽台、梯廳、雨遮等）。事實上，以台北市為例，如果是位在第三種住宅區的 4、5 層樓舊公寓，基本上已經用完了所有的法定容積率，而再申請的容積獎勵，比較接近要給建方的成本。如果是 5 層樓或 5 層樓以上的建築物，屋主的土地持分就變得更小，重建後可以得到的坪數也會越小。此外，車道、大廳、電樓梯間面積可能又占了 15% 至 20%，再加上建築成本不斷上漲，儘管都更和危老重建都有容積獎勵，但換算下來，想要室內坪一坪換一坪，有一定的難度。當然，這是我們在一開始就必須和屋主溝通清楚的。（詳細說明請見 p.145）

因此，我們通常必須先綜整分析個案條件、基地使用分區、法定容積率、現有建物樓層數、現有建物坪數、重建成本，以及重建後售價預估等等因素之後，才能提出與屋主合建的合作條件。

一個建案從接觸到交屋，起碼需要 7、8 年的時間。在與屋主洽談、相處的過程中，我真心覺得，彼此的信任是順利合作的關鍵。我知道許多屋主都覺得建方以營利為目的，而且他要交付給建方的，是他辛苦了大半輩子的心血，或是父母留下來的重要

資產，所以一開始的態度總是抗拒居多，這股抗拒的心情中，多少也包含著擔憂與不捨，所以我總是會花很多時間和屋主溝通，將一切的資訊做到公開、透明，希望能藉此獲得屋主的信任。

同樣的，我也想建議屋主，不管選擇和哪一家公司合作，在評估過自己的需求之後，不妨給建方多一點的信任和空間。畢竟大部分的建方都想維護自己的商譽，不會為了從屋主那裡多賺取一點點的利潤，而壞了自己經營多年的公司品牌形象。也唯有得到充分的信賴，建方才能全心全意為屋主打造出全新的美好家園。

04

與屋主建立共識

常常有人問我：從事都更重建的這幾年來，你覺得最大的挑戰是什麼？不管是都更重建還是危老重建，都是非常大的工程，在過程中也會遇到各式各樣的問題，不過大部分的問題都可以靠過去累積的經驗和知識來解決。唯一讓我覺得每次都不算容易，也都沒有標準答案的，就是和屋主溝通，找出彼此的共識。

台灣人非常重視住居，對自己每天活動的屋宅往往有很濃厚的感情，特別是那些已經在原有的房子住上 3、40 年的屋主，就算屋宅已經非常老舊、不便，要他拆掉重建，還是需要很大的決心。我們當然可以理解住戶的心情，所以在過程中，都會預留很多時間來和屋主溝通。

有些媒體喜歡將那些即使只差最後這一戶，就可以通過申請門檻，卻還是堅決不願接受重建的屋主稱為「釘子戶」。因為釘子戶這個字眼感覺多少帶了點貶抑的味道，我自己比較傾向稱他們為「不同意戶」。畢竟，雖然重建可以帶來更安全、健康的環境，但不接受重建的人，肯定也有他們自己的顧慮或為難之處。

而我們的工作之一，就是利用自己的專業和資源，解決他們的疑難，為彼此創造最大價值。

不同意戶的擔憂和顧慮

大致來說，不同意戶的類型或考量點大概可以分為以下幾類：

（一）念舊或害怕生活的變動

上了年紀的人對新環境的適應力本來就比較差，再加上已經很習慣原本的生活環境，所以有些老人家很抗拒改變。此外，也有些屋主雖然尚屬中年，但因對老房子有一定的感情，捨不得它被拆掉。所以，不管建方提的條件再好，他們還是可能拒絕重建。

（二）怕等不到搬入新家

有些老人家因為年紀已經很大了，怕自己等不到新居蓋好，所以直接拒絕重建。特別是建築的規模越大，所需的工程時間也越長，發生這種情況的機率也越高。

（三）牽涉到繼承問題

舊房子一旦重建，資產的價值當然也會跟著提升、甚至翻倍，這個時候，家族成員可能會開始對這份財產有不同於以往的

想法。換句話說，如果不重建，因為價值不高，所以原先的預定繼承者可以順利繼承；然而，一旦價值大幅提高，這時可能就會有其他親戚想要來分一杯羹。如果原本就已經講好每個人的繼承比例，或許問題還小一點，比較麻煩的是，如果繼承方式尚未決定，那就很容易發生變數，所以有些原居住且是繼承人之一的屋主便認為，與其如此，那還不如保持原有的那棟房子現況，因此拒絕重建。

（四）對重建條件有過高的期待

有些屋主對重建後的分房比例期待很高，甚至遠超過建方的負荷甚多，儘管建方再三說明，依舊不為所動，甚至希望透過這種「堅守拒絕立場」的方法，以迫使建方讓步。

（五）擔心重建後的改變會破壞原來的生活，增加額外的支出

一般來說，只要空間足夠，我們都會為新的建案規劃大廳和車庫，以符合現代人重視隱私的需求和停車不便的困擾。但這些改變是必須付出代價的，比方說，因為車道、大廳、電梯和梯廳等設施的設置都需要空間，所以每位屋主分到的房屋坪數可能會因此減少（尤其是一樓）。而且，公設增加後就需要請物管公司來維護，住戶們也必須為此繳交管理費。此外，還有房屋新建之後所產生的賦稅問題。

事實上，在洽談的過程中，我們確實經常發現有些屋主不希望分到的坪數因為公設而變少，對某些屋主來說，每個月動輒數

千元的管理費，或是因重建而增加的地價稅和房屋稅都是額外的支出，他們不見得願意、或有能力從目前的收入再撥出一筆錢來支付。此外，也有些屋主原本擁有的是一樓的店面，並且利用店面做點小生意或收取租金，但重建之後，因為要讓出規劃大廳、車道和梯廳的空間，導致他可分回的一樓店面縮小，甚至因為店面數量變少而無法分配到一樓，所以對重建也不會太積極。

（六）對未知的事物有顧慮

有些屋主因為自己對重建這件事了解有限，而且對建方也有了先入為主的既定印象，深怕在協議的時候吃了悶虧，所以對建方的說明或洽談，一律冷回應。也有些時候，他們自己可能有其他考慮，但又不想讓外人知道，這時他們也會採取完全不表態的回應方式。

解決方法與因應之道

其實，這些狀況和心情我們都可以理解，也有一些解決的方案，只要屋主願意把他們的顧慮告訴我，我們通常會針對不同的問題，採取不同的方法來提供協助。以下就是我們的幾個基本原則：

（一）客觀分析，理性說服

如果屋主不同意的因素是合約條件，我會先把基地的客觀條

件分析給他聽，讓屋主明白，什麼樣的條件對他所住的社區是比較合理的。好比說，建築基地的地點、環境和規模，對重建後的屋價影響很大，如果基地位於蛋黃區，或是緊鄰公園、大馬路，而且格局又很方正完整，重建後的售價自然會比較高，因此合約上的條件也會比較好；相反的，如果屋主的房屋所在地或基地規模不是那麼優越，或者在交通上不甚方便，那屋主可能必須在條件期待上有所保守。

（二）協助進行資產規劃

如果重建之後，管理費、房屋稅、地價稅等費用超出屋主的負荷，我們會建議屋主考慮選配小一點的房型，把部分坪數賣給建方，換取現金；或站在資產投資的角度，將他們重建後分到的那棟房子賣掉，然後用那筆收入去買一棟價格不是那麼昂貴、但仍能符合耐震法規的電梯華廈，這樣手邊還保留一筆可供生活的現金。當然，這或許失了都更的原意，但如果屋主真的沒有辦法負擔重建後多出來的費用，與其因此而繼續住在老舊、危險的房屋中，這也不失是一個解決的方法。也或許這樣「一屋換一屋」之後，屋主還可以得到一筆現金去支應生活所需，或是換得比原本更大的生活空間。

（三）提供專業協助

有些屋主雖然有意願重建，卻因為繼承問題而卡關，或是為了重建，而出現了稅賦或資產分配等相關問題，這時我們便會洽

詢公司的會計師和律師，提供屋主專業的法令諮詢和協助。這樣的諮詢完全是免費服務，屋主只需支付辦理各種手續時所需的費用。

（四）耐心等待緣分到來

有些老人家不想離開住了幾十年、已有濃厚感情的屋宅；或者，怕重建的時間拖得太久，自己享受不到，因而拒絕重建。這種情感性的因素我們完全可以理解，也不好勉強。所以這時我們通常會耐心等待，看看過些時日後，屋主的心境是否會出現變化，願意讓我們為他服務。

我們公司在台北市中山區的一個開發案，就是類似這樣的情形。那個建案好不容易進行到事業概要核定，卻因為無法突破屋主同意比例的門檻而停頓下來，眼看事業計畫報核的期限就快到了，大家忍不住心想，或許得放棄這個案子。不料，這時，一位不同意重建的年長住戶不幸因病往生了，因為第二代繼承後並不排斥參與都更，所以很快就給公司他的同意書，讓我們可以突破同意比例的門檻，整個程序得以繼續進行，這案子也等於是起死回生了。

（五）請熟識的朋友居中協調

如果遇到拒絕溝通的屋主，有時候我們也會尋找我們和屋主共同的朋友，請他們居中協調，至少讓我們有機會和屋主碰面、

說明。

　　舉例來說，之前我們曾經接觸過一位屋主，因為一開始他就認定我們是只想圖利的建商，所以一直不願意和我們正面接觸。為了解決這個問題，我們好不容易找到一位認識那位屋主的朋友，請他幫我們引薦，至少讓我們有機會向屋主介紹自己。當天，我們的夥伴準備了許多資料，並且抱著戒慎恐懼的心情，前往和屋主洽談。雖然一開始氣氛還是有點尷尬，但聊到最後，我們的誠懇終於取得了那位屋主的信任，答應和我們進一步仔細討論重建一事。

　　雖然後來那位屋主告訴我們，是因為我們在洽談時的認真和謹慎，讓他對建商改觀。不過，如果當初沒有那位朋友居中穿線，對我們和那位屋主來說，恐怕都是一種損失。

　　面對一個全新的建案，相較於繁複的行政程序，我會花更多的時間去了解、並盡力滿足屋主的需求。畢竟，老屋重建應是一件喜事，我們希望每位屋主都是滿心歡喜的等待新居落成，不要有絲毫的勉強或疑惑。而且在溝通的過程，我們也可以更加了解屋主的狀況和想法，藉以規劃出真正符合屋主需要的住宅；相對的，我也想建議屋主，不管對建方所提出的合約有什麼想法，都要盡量表達，因為只要有溝通，就一定有機會讓彼此的立場更加接近。

05

重建流程

　　等屋主簽妥重建同意書後，接下來，我們就會幫屋主向地方政府的主管單位提出申請。相較於變數較多，且需理性與感性兼顧的建立共識與簽立合約，法定的申請程序非常明確，只要按照政府規定的步驟來進行就可以。

危老重建流程

　　一如我先前提到的，申請危老重建的門檻較低，程序也相對簡單。開案之後，我們會向政府申請結構安全性能評估，確定房屋符合規定之後，就可以展開建築設計，並向政府單位提出重建計畫，同時附上百分之百的同意書。從開始到完工的幾個重要步驟如下：

申請結構安全性能評估 --▶ 重建計畫審核 --▶ 申請核發建照執照

　　首先，取得二分之一以上所有權人同意後，便可向評估機

構申辦，由評估機構派員至現場進行調查並製作評估報告。若評估結果未達最低等級，可直接由審查機構進行審查；若評估結果為乙級（未達一定標準）且設有電梯之建物，則需由評估機構再進行詳細評估後，送審查機構審查。接著，收取 100% 重建同意書，並擬具重建計畫書圖，連同前述經審查機構審查通過之評估報告，向建管處申請核准。最後，連同核准之重建計畫，並依建管規定製作建造執照書圖，取得建照後就可以開始施工了。

如果一切順利，大概 3 到 6 個月內審核結果就會出來，很快就可以進行預售及動工興建了。

都更重建流程

至於都更重建，政府核查的過程比危老繁複不少，和政府文件往來的次數也比較多，以台北市為例，大致流程如下：（參見下頁）

相信大家從步驟的繁瑣程度就可以明顯感受到兩者的差別。一般來說，都更重建光是行政程序至少就需花上 1 至 2 年，甚至更久的時間。一聽到我說需要這麼久，很多屋主都覺得非常不可思議，但等我仔細說明完，大家就可以理解為什麼需要這麼久。

程序的前半段屬於自行劃定更新單元階段，而在基地劃定之後，建方要先把報告書做好，先召開自辦公聽會，開完公聽會後，再將案件送到主管機關，也就是各地方政府的更新處，更新

事業計畫

自行劃定更新單元階段

鄰地協調

範圍內說明會

申請掛件（環境指標與範圍檢討書併審）

審議會審議（面積小於 1000m² 的基地，須提審議會審議）

核准公告

事業概要階段

申請報核

書面審查

核准

事業計畫階段

自辦公聽會

申請報核

公開展覽

公辦公聽會

幹事會

幹事會複審

聽證

審議會

核定公告

續行權利變換計畫或申請核發建造執照

（註）
1. 若屬於政府公劃地區，則無需辦理劃定程序。
2. 若已取得事業計畫同意門檻可省略事業概要階段。

權利變換

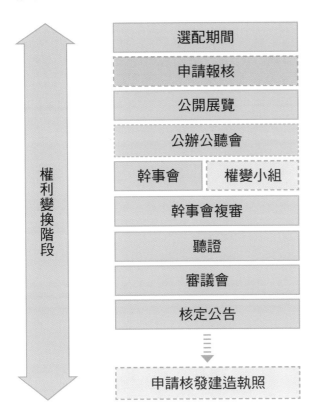

選配期間

申請報核

公開展覽

公辦公聽會

| 幹事會 | 權變小組 |

幹事會複審

聽證

審議會

核定公告

申請核發建造執照

權利變換階段

（註）必要時可合併事業計畫及權利變換兩個程序一起送件

處會先進行書面審查，書審完後會召開公辦公聽會和辦理公開展覽。公開展覽期間結束之後，更新處就會召開幹事會，市府各相關局處會指派專責的人（亦即所謂的幹事）來參與會議，只要報告書中有涉及到該局處的問題，他們就會提出來請建方修正。開完幹事會後，便進入所謂的聽證，讓訊息公開。聽證會結束之

後，還要送審議會，和幹事之外的府外委員與府內委員開會。所謂府外委員指的是專家學者，他們可能來自交通、估價、景觀、建築等不同領域，所有的委員會針對案子提出建議。整個程序都走完，案子才能核定 *。

---

* 都更流程步驟說明：
① 自行劃定更新單元階段
自行劃定更新單元，需要辦理的程序包括：
1. 鄰地協調會：若鄰地（即相鄰的土地）已達法定都更年限或所餘面積未達500平方公尺，則須辦理鄰地協調，並有兩週以上的意願調查期間，以蒐集鄰地參與都市更新的意願。
2. 範圍內說明會：針對欲申請劃定的範圍內屋主召開說明會，除了說明劃定程序與範圍外，同時也有意願調查期間，同時收取參與意願書。
3. 申請掛件：將意願調查結果併同法定申請書圖，彙整送主管機關審查。
4. 經審查核准即完成更新單元劃定。

② 事業概要階段（可省略）
1. 申請報核：即申請送件，將50％以上的同意書、計畫書圖，彙整後送主管機關續行審查。
2. 審議會：就計畫內容進行討論及審議。
3. 核准公告。

③ 事業計畫（權利變換計畫）階段
事業計畫及權利變換這兩個階段可分別辦理，也可併行申請。
1. 自辦公聽會：申請前由實施者自行舉辦公聽會，故稱為自辦，藉此說明計畫內容，並收集屋主意見。
2. 選配期間：此程序只有權利變換需要，指的是提供屋主選配資料後，不得少於30日，讓屋主進行房地與車位的選配。
3. 申請報核：亦即申請送件。將屋主的同意書件、計畫書圖及選配結果，彙整後送主管機關續行審查。
4. 公開展覽及公辦公聽會：報核後，主管機關會先進行書面審查，經過退回補正後，就會由主管機關訂定公開展覽期間，一般案件為30日，若為百分之百同意的案件，則可縮短為15日，而在公展期間內，會由主管機關召開公聽會，

在這個過程中，每次開完會，建方就必須花時間修正，再重新送件，然後等候行政單位重新排定會議時間，如此來來回回，大概開一個會就要花掉 2、3 個月的時間。所以，如果 2 年內可以走完所有流程，那算是非常快的。

而這也就是為什麼絕大部分的危老或都更重建案，屋主都會委託建方來處理，就算屋主決定要自辦都更，通常也會把申請手續外包給建方或建經公司。

迫不得已的強制拆除

如果已經爭取到足夠屋主的同意，重建的標的也符合所有條件，照理說應該是可以順利執行才是，那怎麼又會有強制拆除的

此為公辦公聽會。

5. 幹事會：由主管縣市政府各相關局處指派的代表稱為幹事。幹事們會就各管轄業務審查計畫書圖相關內容提供修正意見。若併行權利變換計畫，則會併同召開權變小組會議，邀請熟稔權利變換制度的專家、學者及審議會委員出席協助及提供諮商。

6. 幹事會複審：針對幹事會意見修正後情形進行複審，但若為百分之百同意案件此程序可免。

7. 聽證：此程序為文林苑事件後，為充分達到資訊公開及意見蒐集之目的而增設，需依內政部所規定辦理程序進行。聽證前須公告 20 日並刊登於新聞紙 3 日，且聽證紀錄應經審議會確認。

8. 審議會：除前述幹事與會外，另由主管縣市政府遴聘專家學者擔任委員，就計畫內容進行討論及審議，決議後即可據以修正書圖並申請核定。

9. 核定公告：經前述審議會決議後修正書圖，經主管機關確認後發函核定並公告。

10. 核定公告後即可製作建管單位所規定書圖，申請建造執照核發。

狀況發生？

　　我想大家都曾在媒體上看過因屋主不同意重建，政府派出機具強制拆除，進而引發屋主和拆除者之間互相拉扯的激烈場面。甚至還有人因此問我：政府是不是真的會未經同意，就開著怪手來亂拆民眾的房子？

　　政府當然不會無緣無故去拆民眾的房子，但是如果經過政府審議，確定案子是可以重建的，為了維護多數屋主的權益，政府還是會依據核定的計畫，依法協助進行拆除工作。換句話說，根據都市更新條例，如果案子已經過核定，但還是有屋主堅持拒絕重建，建方會先進行協調，若經過多次協調，屋主還是不同意，才會由政府介入，進行公調。如果公調還是破局，就會擬定一個拆除的程序。

　　就以眾人熟知的文林苑為例，雖然當時建方和屋主舉辦過多場會議，但還是有屋主主張他完全不知道有都更這件事，也沒有同意要重建，所以當政府介入強制拆除時，發生了非常激烈的抗爭。而且，因為文林苑在舊屋拆除前便開始預售重建後的新屋，結果讓預售屋的買主也連帶受害。

　　在文林苑抗爭事件之後，為了避免日後再發生類似的爭執，政府也在法令上做了修正。除了原有程序裡已經要求舉行的公聽會外，還規定在案件提送審議會前，必須由地方縣市政府主管機關召開聽證，以示公開、透明。此外，在舊屋拆除前，也不能進

行預售。

　　就我自己經手過的案子來說，曾經有一位屋主，不管我們如何勸說，他始終就是不同意重建。雖然這個案子已經核定了事業計畫，但我們不希望強迫屋主遷離，也不忍心讓其他對重建懷抱期待的屋主失望，最後才忍痛調整基地範圍，將不願重建的屋主排除在更新的範圍之外，讓他的房屋維持原狀，只針對其餘屋主的房屋進行重建。所幸切割後的基地還算完整，最後我們將屋主的房屋重建成一棟 12 層且附帶平面停車位的建築。如果切割後的基地又扁又長，說不定就真的得放棄這個重建案了。

　　雖然案子最終還是完成了，也沒有發生任何抗議事件，但我還是覺得有點遺憾，總覺得如果當初有完整的基地可以發揮，一定可以讓建築的設計與規劃更完善，而且重建後對屋主的效益也會更好。

　　站在居住品質與安全的角度，若屋況真的很差，我認為重建是一個比較好，也比較長遠的選擇。但話又說回來，重建與否完全是一個主觀的判斷，每塊基地都是一個獨立的個案，條件不同、屋主的想法也不同，我們沒有辦法拿同一個原則或標準去衡量每塊基地，只能針對每個屋主的期望，以及他們所遇到的問題，一一幫他們拆解，讓屋主做出對自己最好的選擇。

06

自辦都更的挑戰

　　或許是對建築很有想法，所以想自建家園，也或許是不夠信任建方，偶爾，我還是會看到有些屋主想嘗試自辦都更，也就是說，由自己來主導整個都更重建的過程，其中也不乏成功的例子，真的非常讓人佩服。

　　但平心而論，即使是由專業的建方來執行，都更重建都有相當的難度，如果完全沒有建築相關背景，失敗的機率其實並不小。我自己就曾經為幾個原本想自辦都更，但後來不得不宣告放棄的建案收拾「殘局」。所以，敬佩之餘，我通常也會提醒那些勇敢的屋主，如果一路順利，固然值得欣喜，但若發現無法堅持到最後，還是可以適時請建方或建經公司介入協助，否則恐怕會賠了夫人又折兵。

　　在此，我們就來看看自辦都更的條件和主要程序，這件事又到底是難在哪裡？

自辦都更流程

原則上，自辦都更要走的程序和民辦都更一樣，只是過程中的每一個工作都必須由屋主自行掌控。

當屋主決定要自辦都更之後，首先，必須由 7 位以上或過半數的屋主發起籌組，並準備相關資料送交政府主管機關，申請核准籌組。籌組核准後，發起人必須在 6 個月內召開成立大會，並通知政府相關單位列席。成立大會結束後，必須在 1 個月內，拿著章程和會員、理事名單，以及成立大會紀錄，報請主管機關核准立案，並發給立案證書。接著，便可成立更新會。

成立更新會的主要目的是讓這個組織有一個正式且合法的身分，代表所有屋主處理重建事宜。這時，更新會本身就是重建的實施者，它必須處理許多重建相關事務，其中包括提交事業計畫、找建築師製圖，還要請估價師針對土地及房屋進行估價，並找代書來計算產權面積等等。

更新產權會成立之後，便可以向會員，亦即所有屋主收取會費。如果大部分屋主都有共識，願意繳交會費，後續也有比較充裕的資金可以運作。不過，更新會每 6 個月至少要召開一次，而且還必須請主管機關派員列席，這個部分屋主也必須自己召集、準備。

涉及專業的部分，可請專業顧問公司或建方代勞

從發起到更新會成立之前，是自辦都更最辛苦的階段。因為多數屋主都無法自己處理這些繁瑣的行政程序，所以他們通常會選擇付費委託都更推動師、規劃公司、建方，或者是建築經理公司代為辦理。也就是說，在完全不知道是否能通過審核的狀況下，屋主就必須願意先行出資、出力，投入籌劃工作。

此外，自建和與建築公司合建的差別，還包括建築設計的專業及建築物的品質。因為屋主多半不具備建築專業，不但無法監督建築設計的細節，興建過程也很可能變成由建築師主導。而且，當屋主發現重建過程中，除了政府補助之外的花費，都必須從自己的口袋掏出來時，在選材用料上多半會變得比較保守。比方說，他們可能不會選用進口廚具，而改採國產品牌；也不用石材來打造建築立面，而是用瓷磚取代。這樣蓋出來的房子，當然在品質上也會有一定的落差。

若真有屋主可以從頭到尾自己規劃、自己監督，將外包工作控制到最小，那當然是一個很大的成就，從事建設業的我也樂觀其成。只是，我也必須提醒考慮在重建前期就先行出資自辦都更的屋主，即使更新會得以成立，若最後還是無法完成重建，你所投入的資金可能會血本無歸。再者，自辦都更非常考驗屋主彼此間的信賴，我就曾聽過不少更新會在最後結算時，因為彼此猜忌或帳目不對而引發訴訟，原本的好鄰居反目成仇。如果走到這個地步，不管重建成果如何，都會讓人感到遺憾。

自建家園絕對是美事一樁，但真正著手前，請屋主務必多做功課，了解整個重建程序，若有哪些工作真的超過自己的負荷，不妨考慮是否請人代勞。事必躬親雖然可以獲取較大利益，但最終未必能成就其美。術業有專攻，若能夠以最小的付出，換得最大的成果才是上上之策。

07

透過信託制度來提升保障

　　房屋重建是一個浩大的工程，對屋主來說，他必須將土地和房屋暫時交付給建方等執行者，帶著全家人另外租屋，等待房屋完工、交屋，才能再搬入新居。再加上工程通常耗時數年，因此，在重建過程中，有些屋主不禁會擔心，萬一蓋到一半建方資金短缺，或者重建時，建方沒有完全按照合約執行，那該怎麼辦？

　　相對的，站在建方的立場，他們花費了大把時間和眾多人力來評估建物、與屋主協調，並向政府申請重建。此外，還要找代銷公司和營造廠合作，負責房屋的銷售和建造，這些零零總總的成本其實相當可觀。如果在興建過程中，屋主把土地賣掉，或是發生任何產權上的問題，對建方來說也是一種風險。

　　所以，我常跟屋主開玩笑說：不只你們怕合作過程有閃失，其實我們建方也很怕。

透過信託，同時保障屋主與建方

當然，這些顧慮其實是有方法可以解決的。早期的合建採取屋主向建方收取保證金的方式，一旦屋主和建方簽約，建方便分期將保證金交付給屋主，等到房子開始動工之後，屋主再將先前收到的保證金，分期歸還給建方。感覺上，屋主金錢在手，似乎不怕被倒，但事實上，他們無法控管建方的資金，而且因為土地已經交付建方，屋主無權干涉。嚴格來說，依然存在某種程度的風險。

因此近年，重建案多半會透過不動產開發信託的方式，來保障雙方的權益。也就是說，將屋主的土地、建方的興建資金，以及未來預售所得資金綁在一起，進行「不動產開發信託」。這麼一來，不只屋主信託給銀行的土地可以因為這個信託合約而得到保障，建方為了興建這個個案所申請的建築融資，也會受信託合約管控而必須專款專用。即使建方開始進行預售，預售款也會回到信託的專戶裡，可說是一種全案式的信託概念。

而為了保證重建合約得以確實履行，一般來說，銀行通常會和建經公司合作。在興建過程中，只要建方需要支出資金，就必須透過建經公司的審核，審核通過後，銀行才會付款。相較於過去單純收取保證金的方式，如此層層把關，對屋主來說是比較有保障的。因此目前，絕大多數的自辦與民辦都更，都會交付不動產開發信託，藉此保障屋主、建方，甚至是銀行的權益。

屋主談不攏險破局 起死回生的天母地標

建案名稱：耕隱
建案地點：天母忠誠路二段
都更／危老：都更重建案
合建／屋主與建設公司合建

一個只需整合四位屋主的都更重建案，因為其中一位屋主的拒絕參與，
而幾乎要宣告破局，這個都更重建案最後是如何起死回生呢？

　　或許有人認為，需要進行都更或危老重建的屋宅，多半是老式的連棟住宅或舊公寓，但事實上，許多不同類型的房子都符合重建的條件，而且重建的效益也很高。比方說擁有數十年屋齡的獨棟別墅，就是其中一種類型。因為別墅的土地持分通常比較大，所以重建之後，屋主可以分回的坪數也比較多，運用方式也相對多元，不僅可以出售換取現金，也可出租，增加一份被動收入，當然也可以邀集家族成員同住、相互照料。

自購別墅，邀請鄰居一起進行都更

　　因為一開始，我們便鎖定都更重建這塊市場，所以在公司剛剛成立的 2007 年，我們也嘗試在天母忠誠路買了一棟有 35

年屋齡的 2 層樓透天別墅，希望可以邀請鄰近的 4 棟別墅一起重建。

當然我們知道，以生活環境來說，天母已經具有先天的優勢，似乎不太需要透過重建來改善環境。但站在都市更新的角度，我們看的是更長遠的未來，畢竟不管再怎麼仔細保養，房屋一定會一年比一年老舊，而且家庭成員的生活，也會隨著歲月的流轉，而有不同的轉變和需求。比方說，上了年紀長輩可能會開始需要電梯或無障礙設施，如果有第三代，甚至第四代出生，也需要各自獨立的生活空間。

專業與毅力的雙重挑戰

很巧的是，4 戶鄰居中，有 2 戶和我們一樣從事建築業，一戶是建設公司的老闆，而另一戶則是執業多年，且自己經營建築師事務所的資深建築師。和他們相比，我們團隊絕對是初出茅廬的後輩，因此過程中，我們一直是戰戰兢兢，要接受的考驗，比面對一般屋主時大上許多。

或許是因為我們這個剛剛成立、還沒有建案作品的年輕團隊，在當時還不足以說服有著豐富生活歷練和專業背景的鄰居，再加上 4 位屋主也各有不同的考量，在第一時間，沒有一位屋主願意加入重建。所以當下我們只能持續溝通，並不斷提出相關資料供大家參考。

所幸，經過 4 年的持續努力，這個案子終於慢慢露出曙光。

　　首先改變心意的是那位建設公司的老闆，因為是同業，所以他十分了解參加都更可能帶來的效益，經過幾番深思，他終於同意參與我們的重建計畫。

　　至於本身就是從事建築業的鄰居盧建築師，原本是打算由自己來進行重建，再加上當時我們還無法提出具體成績，證明團隊的實力，所以他一直婉拒和我們合作。然而，就在某次互動中，夥伴真誠的表現終於讓他感受到我們的誠意。「來跟我說明的那位協理，很能夠站在屋主的角度看事情，這點相當不容易。」盧建築師說，「而且，站在一個都市發展的角度，我覺得自己應該參與這次的重建。」我們當然很高興可以獲得屋主的同意，但更開心的是，我們的誠意和動機，獲得了業界前輩的認同。

　　第三位鄰居曹伯伯在退休前也是自己經商，在商場上打拚多年的經驗，讓他很容易就看到參與都更的利基點。「高島屋和新光三越就在附近，忠誠路也拓寬了，大樓一棟一棟蓋起來，我想有這個機會重建應該也不錯。」曹伯伯和我們分享他當時判斷的依據。雖然一開始，他覺得生活環境已經很舒適，沒有必要做任何變動，但因為看到未來的遠景，再加上具有專業背景的盧建築師後來終於首肯加入，於是曹伯伯便也跟著他這位多年的好鄰居，一起參與都更。

基地騰空與綠地維護，爭取好好看容積獎勵

就在我們終於獲得其中 3 位屋主的同意後，正好遇上台北市政府為配合 2010 年舉辦的「台北市花卉博覽會」，所推行的「台北好好看」計畫。當時政府鼓勵建商拆除老舊房屋，並將房屋的所在基地打造成綠地，若綠地能夠維持 18 個月以上，最多可申請 8％的容積獎勵。雖然我們還有一位屋主需要溝通，尚未百分之百整合完畢，但為了爭取獎勵，進一步提升重建效益，我們請已經同意重建的建設公司老闆、盧建築師和曹伯伯提早搬離舊家，並由我們團隊支付房屋租金，讓他們在附近租屋暫住。同時，我們還是以 5 筆土地來申請都更重建，希望趁著政府審核的這段期間，繼續說服這位屋主。

我們在政府的協助下，開了多場協調會，由我們針對建案進行完整說明，也確認這位不同意重建的屋主，確實了解都更可能帶來的利益。可惜的是，最終這位屋主還是因為捨不得拆掉充滿回憶的舊家，與可能的家產分配問題，不同意加入重建。但是，因為這位屋主的土地，正好被夾在建設公司老闆的住宅與另外 3 筆土地之間。為了讓願意重建的土地可以集中，方便工程的進行，同時也盡量讓那位屋主可以保留他珍貴的回憶，我們還曾經提議，讓他與建設公司老闆進行土地交換，也就是說，請他搬去建設公司老闆的那棟透天別墅，而他所擁有的那筆土地，則讓與建設公司。

沒想到，這個方法最後還是遭到否決，最後我們只能很抱歉的劃開建設公司老闆的基地，僅針對緊鄰的 3 筆土地進行重建。

5 筆變 3 筆，一切程序重頭來過

在確定只能以 3 筆土地來申請都更重建之後，所有的申請程序又得重頭來過，而且，改成 3 筆土地之後，基地面積大幅縮小，只剩下 600 多平方公尺，只比法定最小基地規模 500 平方公尺大一點。經過我們再三說明，最終台北市政府還是決定放行，而這個案例也成了都更重建中一個很特別的個案。

雖然基地整整少了五分之二，大幅降低了規模效益，但至少這 3 筆土地所連結而成的基地形狀還算方正，所以重建之後，依然有不錯的效果。

重建的價值，不只屋宅本身

儘管隨著商業板塊的轉移，天母已經不若數十年前那般擁有絕對優勢，但就生活環境來說，依然是許多人心目中的首選。也因此，這裡的大量高屋齡別墅住宅，理當可以透過都市更新再次活化，進一步提升土地的價值。

除了可以分回相對多的坪數，如果屋主正好有資產分配或子女分家的需求，重建也是一個很好的時機。此外，因為社區大

樓通常有管委會代為處理公眾事務，所以住家的維護、清潔和管理，也會比傳統透天住宅輕鬆許多。

這個建案在一開始便花了 3 年的時間整合，之後，為了配合「台北好好看」政策而提早拆除，讓建地多空了將近 3 年的時間。後來又因為其中一位住戶堅決不願參與重建，我們只好將 5 筆土地改為 3 筆，重新提出申請，最後再加上興建工程，前前後後總共花了 14 年的時間。如今能夠順利完工，真的是萬分感謝兩位屋主的理解與耐心。

我們將這棟全新打造的 12 層大樓規劃為一層兩戶，一大一小，非常適合兩個世代同住。雖然多年來住的都是透天住宅，但曹伯伯這次卻選了 7、8 兩樓，問他會不會捨不得捻花惹草的悠閒，高齡 86 歲的他開朗的笑說：「不會啊，住得高就看得遠，可以欣賞一下風景也是不錯。」此外，因為盧建築師原本所住的別墅住宅本屬家族資產，因此完工之後，兄弟姐妹也將搬回來同住。

耕隱是我們團隊成立之後，最早著手的案子之一，但因過程中的諸多變化，歷經了 14 個年頭，才終於可以把完成的新屋交到屋主手中。雖然它沒有最完美的結局，但夥伴們克服萬難完成整合的過程，已然為團隊樹立了一個小小的里程碑，而這當然也成了我們往後繼續打造其他建案的養分。

都更／危老重建小教室

＊很多時候，建方的耐心和誠意是順利完成屋主整合的關鍵因素，選擇建方時，務必將這一點列入考慮。

＊屋主整合是整個建案最不確定的變數，建案可能因為一、兩位屋主的不同意，而造成進度上的延宕，屋主最好有心理準備。

＊房屋重建也可以是資產分割或繼承的方法之一，有需要時，不妨善加利用。

雖然重建基地比原本預估的減少了五分之
二，但團隊還是將基地做了最有效率的運
用，搭建起一層兩戶、高達12樓的建築。

重建之前,位於地面上的車庫雖
然方便,但在寸土寸金的天母,
土地利用效率顯然偏低。

第 **3** 章

都更重建VS.危老重建

01

都更重建和危老重建
各有何優缺點

　　都更重建和危老重建的條件不盡相同，但這兩年法令修訂後，基本上，符合都更重建的一定符合危老重建。雖然在這種情況下，我一般都會根據基地大小和屋主人數這兩個要素，來幫屋主做初步判斷，看看申請哪一個項目比較有利，之後再隨當時狀況調整。不過有時，申辦耗時長短，以及政府所提供的款項補助和賦稅減免也會影響屋主的決定。

　　所以在此，我就把這兩者的優缺點、容積獎勵、補助和賦稅減免仔細做一個比較，讓大家在做決定時，可以從一個更全面、宏觀的角度來考量，也藉此重新思考一下自家屋宅的條件。

都更重建的優點：政府幫忙監督，對屋主比較有保障
危老重建的優點：程序簡便，速度快

雖然都更重建非常耗時，程序也極為繁瑣，不過，比起過程相對簡便快速的危老重建，都更受到政府更多的監督，所以相對之下也比較安全。

舉例來說，都更重建除了位置、屋況和基地大小等條件必須符合政府規定，在流程上，一如之前提到的，必須舉行至少兩次的公聽會，並經過幹事會、聽證及審議會等會議審查，開會時，要有政府相關人員或專家學者列席。此外，還得準備各種書面資料，提供給主管機關審核，真的是一個不小的工程。

但是，就因為整個重建過程，都在一個公正、公開、透明的機制下進行，而且政府可以隨時透過每一次的會議和書面報告來進行監督，對屋主來說，是比較有保障的。

相對的，危老重建因為程序簡化很多，可以大幅縮短整個重建時間。快的話，可能只要 2、3 個月就可以核准重建，剩下的就是申請建照、預售及興建所需要的時間。所以，若規模不大，住戶的組成也很單純，在協調上難度不會太高，危老重建就是一個比較好的選擇。當然如果基地較大，包括產權等都需要建方一一代為釐清，選擇都更重建對屋主來說或許比較可以放心。

都更重建的缺點：程序冗長，執行難度較高
危老重建的缺點：屋主必須承擔來自建方的風險，
　　　　　　　屋主與建方的分配比例無人監督

　　相對的，危老的程序雖然簡易許多，但政府介入的部分很少，基本上就是根據屋主和建方的合意來進行，感覺比較接近傳統的合建，屋主必須自行承擔過程中可能產生的風險。舉例來說，有些建方在和屋主洽談時，可能會技巧性迴避掉一些應該告知屋主的權益，如果屋主自己也沒有經驗，或是事先搜集的資料不夠齊全，可能會在不知不覺中吃了悶虧。

　　此外，在決定房屋的分配比例時，如果建方提供的資訊不夠多，也沒有完整的說明或溝通，屋主就無法做出全面性的判斷。

　　至於都更重建的缺點，自然就是程序冗長了，而且因為政府管控得比較仔細，執行的困難度也因而提高。有可能一個案子忙了 5、6 年，最後還是因為無法達成某個條件，只能不了了之。不僅屋主失去了重建家園的機會，對建方來說，因為已經投入大量人力、成本與時間，也是一筆不小的損失。

　　優點和缺點通常是相對的，都更重建因為有政府監督，所以建方和屋主比較不容易產生糾紛；相對的，為了達到監督的效果，屋主或建方必須準備許多資料，並完成政府規定的程序，所以時間會花得比較長。

而危老重建因為程序簡單許多，可以省下不少的人力、物力和時間，但對屋主來說，因為少了政府的管控，所以也多了一點風險。

　　不管是都更或危老重建，屋主在選擇合作的建方時，除了評估合作條件之外，務必也要花些時間了解建方過去完成的建案，看看他們的建案品質如何、口碑好不好。畢竟一個案子走下來，短則 5 年，長則 10 數年，一家信譽不好的公司，不僅無法為屋主完成重建，甚至可能引發事端或法律糾紛，不可不慎。

02

都更重建和危老重建
的容積獎勵

　　為了推動老舊房屋的重建，政府設計了許多獎勵方案，甚至在賦稅上也有一些優惠。雖然大部分的獎勵和補助都必須在重建申請核准後才用得到，對加速申請程序本身沒有太大幫助，不過，因為這些優惠包含了容積上的獎勵、賦稅減免，以及各種工程款的補助，對重建案本身來說，堪稱是一種非常實質的挹注。

善用容積獎勵，增加重建時的建築空間

　　首先，我們就來談談大部分人最關心的容積獎勵。

　　所謂容積率，指的是土地可興建出的容積樓地板面積。根據都市計畫及建築相關法令，不同使用分區的土地，有其不同的法定容積率。以台北市來說，光是商業區及住宅區便分成商一、商二、商三、商四、住一、住二、住三、住四等 8 大類別，而前述 4 種住宅區若面臨 30 公尺以上計畫道路，又會再區分出住二之

一、住二之二、住三之一、住四之一等 4 種不同類別。每個類別的法定容積率都不一樣，容積率越大，表示該種使用分區的土地可建築的樓地板面積就越大。

就拿住三（第三種住宅區）來說，這種住宅的法定容積率是 225%，也就是說，1 坪的基地可蓋出 225% 的樓地板面積，亦即 2.25 坪。但是在建築中，陽台、機電空間、管道間等屬於「免計容積」，不用計入法定容積，所以，實際蓋出來的建築樓地板面積會大於法定容積所規定的 2.25 坪。

但因政府針對重建的房屋，設計了容積上的獎勵，所以，如果要計算重建後可以得到的房屋坪數，必須再加上獎勵的部分。一般來說，都更重建的容積獎勵上限是基準容積之 1.5 倍或原建築容積再加基準容積之 0.3 倍，危老重建的容積獎勵則是基準容積之 1.3 倍或原建築容積之 1.15 倍，另加 10% 的時程及規模獎勵。

事實上，都更條例實施幾年後，政府發現中高樓層建物在重建時，出現了獎勵容積不足的問題，換句話說，現行的容積獎勵只夠用來作為給建方的成本，屋主無法從中得到太多獎勵。所以，政府著手都市更新條例的修正作業，以提高容積獎勵的方式，針對實施容積管制前的中高樓層以上建築物進行放寬。修正後將以原建築容積的 1.2 倍為獎勵上限，屋主可以選擇對自己較為有利的獎勵方案；而對於高氯離子鋼筋混凝土建築物（即海砂屋）或耐震能力不足，可能危害公共安全的建築物，則放寬為直

接提供原建築容積 1.3 倍作為獎勵，目前這項條文也已經通過，並公布施行。

但是，當我們要實際計算產權面積時，因為產權面積要依照地政的相關規定，計算方式和建築法規的樓地板面積並不相同，而且，產權面積還要包含梯廳、走廊、屋突、地下室等公共設施，也就是說，如果公設比高，產權面積的登記就會比較大。所以我在和屋主洽談時，很難明確告訴他們，重建後一坪可以創造多少產權面積，通常只會以加上獎勵後的容積乘以 1.5 到 1.6 的銷坪係數，大略估算一下，而這個數字就是大概的銷坪或登記坪，也就是權狀上的數字。

我這樣說可能大家還是一頭霧水，在這裡我就用一個簡單的算式來說明經過獎勵後的坪數變化。

以台北市第三種住宅區（住三）為例，假設基地面積是 100 坪，申請到的容積獎勵是基準容積的 1.4 倍，重建後可以得到的產權面積計算如下：

100	×	225%	×	1.4	×	1.6	= 504
基地面積		法定容積		容積獎勵		加上梯廳、屋突等公設	

也就是說，如果基地面積是 100 坪，經過補助之後的產權面積大約是 504 坪，然後再由屋主和建方以折價抵付的方式來分這 504 坪。

避免為了用不到的獎勵，選擇耗時的都更重建

因為都更重建的容積獎勵比危老多一些，所以有些屋主會為了爭取較大的容積獎勵，而堅持申請都更重建。這個時候，我通常會建議屋主通盤考量後再做決定。因為有的時候，礙於現行法規，例如之前提到的建築法規檢討，即使有容積獎勵，可能也會用不到或用不完，這麼一來，就沒有必要為了容積獎勵而選擇耗時、繁瑣的都更重建了。

就以我們公司位於松山區的一個案子為例，因為該區有航高限制，最多只能蓋到 24 層樓，剛好可以消化掉危老獎勵的上限（即 40%），若轉為申請都更重建，雖然可以得到更多容積獎勵，但因航高限制，事實上是用不到的，所以沒有必要為了爭取更多獎勵而改變申請項目。

03

都更重建和
危老重建的補助

　　一說到房屋重建的花費，多數人都只會想到金額龐大的建築工程費用，事實上，除了建造房子本身，從申請等前置作業開始，就需要一些花費。所幸政府也有針對這些花費進行補助，讓屋主減輕不少負擔。

　　不過，因為重建時著重的部分不同，所以危老重建和都更重建的補助項目和金額也不盡相同。

危老重建的費用補助

　　首先，我們來看看危老重建的補助。

　　根據內政部訂定的「中央主管機關補助結構安全性能評估費用辦法」，政府會針對尚在申請程序中的危老屋宅進行補助，詳細說明如下：

（一）初步評估費用補助： 總樓地板未達 3,000 平方公尺者，每棟 12,000 元。總樓地板面積 3,000 平方公尺以上者，每棟 15,000 元。審查費每棟 1,000 元。

（二）詳細評估費用補助： 每棟不超過評估費用 30% 或 40 萬元。審查費每棟依評估費用之 15％計，但補助上限不得超過 20 萬元。

申請危老重建時，必須證明房屋存在著一定的危險性，所以必須進行耐震能力的評估。若沒有通過初步評估，就必須進行詳細評估，且做完報告書後還要經過專業審查機構（如技師公會等）的審查，因此必須另外支付審查機構審查費用。

此外，政府還制定了「內政部補助都市危險及老舊建築物重建計畫作業要點」，提供重建計畫費用補助，依擬具重建計畫開立統一發票或收據之額度為準，每案補助以 55,000 元為上限。

如果屋主需要在整合重建前先進行補強，台北市政府也提供了費用補助，經耐震初評未達一定等級，或有軟弱層潛在倒塌風險之建築物，補助工程款 45％，每棟上限 1,000 萬元。

而在審核通過，開始動工之後，針對工程費用及工程融資，政府則提供了以下幾項補助：

（一）提供重建工程融資貸款信用保證： 依「都市危險及老

舊建築物重建貸款信用保證作業要點」，重建前建築物用途供住
宅使用，以自然人為起造人者，每戶信用貸款額度 300 萬元，5
年內攤還。

（二）**重建住宅貸款利息補貼：**重建住宅貸款，單指重建所
須資金之貸款。以台北市為例，針對僅持有一戶，家庭年所得低
於台北市 20% 分位點家庭之平均所得，並領有台北市建築管理處
核准重建計畫函的重建戶，提供「都市危險及老舊建築物重建住
宅貸款利息補貼」。經審查核定後，申請人可自行向金融機構貸
款（最高 350 萬元，最長 20 年），並由中央補貼貸款前 3 年的
利息。

都更重建的費用補助

都更重建案的補助對象主要是針對更新會，也就是委建的屋
主，如果是與建方合建，政府並沒有提供補助。

以台北市為例，都更重建的補助包括以下幾項：

（一）設立都市更新會，共新台幣 80 萬：

（1）籌組階段：核准籌組之日起 6 個月內，撥付 50%
補助費用。

（2）核准立案：於核准設立之日起 1 年內，撥付 50%。

或於核准立案時一次請領全額（1）+（2）。

（二）擬具都市更新事業計畫或權利變換計畫，新台幣各
　　　250 萬，共計 500 萬元：

（1）第一期更新會與受託團隊簽訂契約之日起 1 年
　　　內，撥付 20% 補助費用。

（2）第二期事業計畫或權利變換計畫公開展覽期滿後 1
　　　年內，撥付 50% 補助費用。

（3）開會通知單應包括會議日期、地點、更新單元位
　　　置及範圍等，並由申請人簽名或蓋章。

（4）第三期事業計畫或權利變換計畫核定後 1 年內，
　　　撥付 30% 補助費用。但這項補助僅限適用於自
　　　建。

各款項不得逾申請補助總經費的二分之一。

補助金額總上限為 580 萬元。

此外，針對工程階段的融資，政府也放寬了銀行放款上限，
屋主可以視狀況提出申請。只不過，實務上還是以各銀行願意承
受風險高低，以及屋主還款能力等為評估基礎，有時銀行承接自
建案融資的意願並不會太高。

相關補助辦法會因應時空環境調整，建議有需求的屋主逕洽各地方政府詢問，以獲得最新補助方案。

04

都更重建和危老重建的賦稅減免

　　容積獎勵和重建補助基本上都是以重建案為單位來計算，也就是說，所有的容積獎勵和資金上的補助都歸於整個建案之下，但賦稅減免則是針對每一戶的賦稅去做計算。雖然同樣都是來自政府的美意，但對屋主來說，賦稅減免會更加有感。

房屋重建時會影響到的賦稅

　　一般來說，與房屋有關的賦稅包含房屋稅、地價稅、契稅、土地增值稅、營業稅。這 5 項賦稅的金額都會因為重建而有所變更，如果重建標的位於熱門的高價地段，且屋主持有土地的時間很長，這些賦稅加起來便是一筆可觀的數字。

　　首先，我們先來了解一下這 5 種賦稅各是在什麼狀況下繳付。

●土地增值稅

這是在土地所有權移轉時會發生的一種賦稅，換句話說，若有買賣行為發生，售出土地所有權者就必須繳付這筆稅金。計算方式是從買進到賣出這段期間，土地公告現值的漲價總數額依漲價倍數採累進稅率計徵，因此稅額會與地段、公告土地現值、持有期間長短及使用情形有關。

若屋主和建方之間屬於協議合建的模式，建方分得的部分等於是屋主賣給建方的，所以交屋時，屋主必須付出一筆土地增值稅。

●契稅

根據規定，房屋所有權如因買賣、贈與、交換等原因而移轉，取得房屋所有權的人，就必須在契約成立起 30 日內，向房屋所在地之鄉鎮市公所申報繳納契稅。也就是說，在重建案中，若屋主在選房的時候超選，亦即除了他原本可以分得的部分，又向建方多買了一些坪數，這時屋主就必須繳付多買坪數所產生的契稅。

●房屋稅

只要持有房屋，每年都須繳納。房屋稅會根據房屋構造、屋齡、區位地段等而有所不同，因此重建之後的房屋稅會比重建前多一些。

●地價稅

地價稅也是每年繳納，一般來說，重建後的地價稅也會比之前高一些。

●營業稅

屋主與建方合建分屋，雙方互易房地（屋主以土地交換建方的房屋）時，房屋價款之發票，應加 5% 營業稅[*]。

政府針對房屋重建提供的賦稅減免

而針對房屋稅、地價稅、契稅、土地增值稅這 4 項賦稅，政府為危老重建與都更重建分別提供了以下減免：

---

[*] 依大法官 668 號解釋「依營業稅之制度精神，營業稅係對買受貨物或勞務之人，藉由消費所表彰之租稅負擔能力課徵之稅捐，稽徵技術上雖以營業人為納稅義務人，但經由後續之交易轉嫁於最終之買受人，亦即由消費者負擔。是以營業人轉嫁營業稅額之權益應予適當保護，以符合營業稅係屬消費稅之立法意旨暨體系正義。」也就是說，營業稅含在售價內，因此負擔者為買受人（屋主），營業人（建方）只是代收代付角色。此外也有相關判例（裁判字號 105 年度重訴字第990 號）可供參照，請上網查詢。

賦稅優惠	都更一權利變換	都更一協議合建	危老條例
土地增值稅	◆ 所有權人與實施者間辦理產權移轉時，免徵 ◆ 更新後土地第一次移轉減徵 40% ◆ 現金補償者免徵或減徵 40% 註：因權利價值太低無法分配最小更新單元者，稱為不能參與權利變換，得免徵。若不願參與權利變換者，得減徵	◆ 所有權人與實施者間辦理產權轉移時，減徵 40% ◆ 更新後土地第一次移轉無減免 ◆ 如協議現金分回無減免	無減免
契稅	◆ 所有權人與實施者間辦理產權轉移時，免徵 ◆ 更新後土地第一次移轉減徵 40%	◆ 所有權人與實施者間辦理產權移轉時，減徵 40% ◆ 更新後土地第一次移轉無減免	無減免
地價稅	更新期間免徵或減半徵收；更新後減半徵收 2 年		重建期間免徵．重建後減半徵收 2 年
房屋稅	更新後減半徵收 2 年；2 年內未移轉者，得延長至多 10 年		重建後減半徵收 2 年，2 年內未移轉者，得延長至多 10 年
申請時效	無申請時效限制	申請期限至民國 113 年 1 月 31 日	申請重建者，得減免地價稅及房屋稅至民國 111 年 5 月 9 日

看了這些減稅的項目和金額，我想大家馬上就會發現都更重建在賦稅減免上是比較優惠的。尤其是對那些土地持有時間長達 2、30 年的屋主來說，土地增值稅的數字更是驚人，以至於有些屋主會因此而選擇都更重建。不過，就如我之前再三強調的，都更和危老重建不管是所需時間、申請難易度，以及程序的繁瑣程度都不一樣，我會建議屋主盡量做全盤的考量，不要讓其中的 1、2 個短暫利多，影響到重建可以帶來的好處。

建商隱瞞關鍵訊息 一波三折的夢幻城堡

建案地點：天母
都更／危老：危老重建案
合建／委建：屋主與建方合建

原本打算透過重建，讓住家更符合所需，不料，向來信賴的建商卻刻意隱瞞關鍵訊息，讓重建之路出現意外的波折……

　　天母，有著大量的綠地、極佳的生活機能，卻又能鬧中取靜，將自己隔絕在典型蛋黃區的擁擠和緊湊之外。不管都市發展的腳步多麼匆促，她始終以一貫的優雅姿態，不疾不徐的陪伴所有生活在這裡的人，迎接每一個日升日落。

上一代的遠見，打造出一座夢幻城堡

　　陳太太（化名）家便是位在天母的獨棟別墅。偌大的庭院搭配上滿園綠意，另外還有一座令人驚喜的游泳池，加上兩個自有停車位。相較於多數都會人居住的密集型社區住宅，如此寬敞、悠然的生活空間，絕對是許多人心目中的夢幻城堡。

　　「這是我的公公婆婆在民國 60 年買下土地，自己搭建的房

子。當時屋前的巷道都還是泥土路,沿著路往上爬,可以通到陽明山。」陳太太說。

50 年前,上一代憑著好眼光,在目前地價頗高的天母,買下了一塊土地,打造出現今兩層樓、共計百來坪的雙層別墅住宅。因為陳先生有 4 個兄弟姊妹,所以,除了客廳、餐廳、廚房、衛浴等公用空間,陳太太的婆婆還很有效益的規劃出主臥室和 4 個房間,讓家裡的 4 個孩子都有一個屬於自己的天地。

4 個孩子長大成家後,陳先生的 3 個兄弟姐妹移居他處,只有陳先生夫妻和公婆同住。而在陳太太的 2 個兒子出生之後,庭院中的游泳池更成了孩子們的樂園,陳太太總是很大方的邀請鄰居的孩子一起在這裡游泳、烤肉、嬉戲,三代成員在這棟屋子裡,留下無數美好的時光。

接手後,想給家園一個全新的生命

然而,隨著時光的流逝,數十年前搭建的屋宅日漸老舊,慢慢出現了漏水、牆壁剝落等現象。原先陳太太的婆婆針對 4 名子女規劃的生活空間,也因為第三代的成長、成家,而不再那麼適用。

不過,最讓人頭痛的還是昂貴的租金和地價稅。原來,陳家

別墅的建地中，有 60 坪屬於國有學產地 *，因為國家一直沒有開放買賣，多年來只能以租賃的方式來使用。只不過土地的租金隨著年代的更迭而不斷攀升，再加上高昂的地價稅，一年便要將 100 萬的開銷，著實不是個小數目。

面對這種種問題，最釜底抽薪的辦法，莫過於針對眼前的需要，將房屋和土地重新做一個整理。但上一代因為年紀大了，加上念舊，並不傾向進行耗時的重建，也不想在自己住慣的屋宅裡大興土木，所以，多位家人就持續住在一個寬敞，但未必合住的大宅院中。一直到公婆相繼離世，陳太太才毅然決然挑起重建屋宅的大任，希望可以為家園打造出一個更適合的格局。

意料之外的插曲

陳太太是個樸實的行動派，決定重建之後，她迅速找到了一家風格品味與自己相近，且信譽良好的建方，並立刻與對方展開洽談。

事實上，除了國有學產地的問題，陳家的屋宅旁邊還有公有和私有畸零地，需要在重建時一起併入。當時，陳太太與建商協議，公有畸零地由陳家出資購買，私人畸零地則由建方出面解

---

* 在日治時代，這塊土地原為日本某私人公司所有，當日本人撤離台灣後，那塊土地便歸教育部管理。學產地通常用於出租活化，藉以賺取固定收入，補助偏鄉孩童的教育費用，並不配合民間開發或買賣。

決。一開始，建方也提供了專業的協助，幫陳家處理學產地共有持分問題，雙方互動良好，也彼此信任。

只是，好巧不巧，處理私人畸零地時，因為對方家的父親過世，也發生了一點財產糾紛，建方無法立即與對方洽談購地事宜，重建一事因此停擺了 2、3 年。

因為這長時間的延宕，那家建方本來已經想打退堂鼓，但就在陳家與建方的合約即將到期時，那塊私有畸零地的繼承問題解決了，再加上針對危險老舊屋宅重建提供優渥獎勵的「危老條例」法案也即將通過，建方突然又很積極的向陳太太表示想繼續進行重建一事。

重建原本就是陳太太的心願，若對方願意續行，那當然再好不過，所以陳太太也樂於與他們續約。但續約時，建方提了補充協議，在建方購買容積移轉條文中，夾帶了如下的內容：即使日後有申請到危老重建獎勵，也比照容積轉移一樣，由建方回饋10%（危老重建的容積獎勵上限是基準容積的 1.3 倍或原建築容積的 1.15 倍）。

當時「危老條例」還是一個剛出爐的法案，陳太太還來不及注意到這個訊息，所以她並不知道自家屋宅在重建時，可以得到危老重建容積獎勵，只以為是建方基於好意，無條件給自己 10%的容積回饋。一直到相關資訊逐漸明朗之後，陳太太覺得疑惑，前往詢問建方，對方才明確告訴她，的確是可以申請危老重建的

容積獎勵，但即使審核通過，建方也一樣只多給陳家 10％的容積，而且這一點已經白紙黑字寫在契約中了。

換言之，建方並沒有針對這項新法令向陳太太清楚說明，而是以一種「偷渡」的方式，讓陳家在不完全了解合約意涵的狀況下續約，接著便急著要動工、進行預售。

這樣的發展對陳太太來說，當然無法接受。一來，陳家平白損失了一般合理可分配的危老重建容積獎勵（通常為 50％）；二來，她的真心信任，並沒有換得對方的真誠相待，而這也是最讓人受傷的地方。

失望與壓力下的堅持

儘管陳太太懷抱誠意，幾度與對方協商，希望可以雙方各退一步，討論出一個可行的方案。但對方的態度十分強硬，完全沒有退讓的打算，原本已經進場鑽探的重型器械，也在談判破裂隔天，立即撤出陳家庭園。同時，對方還很堅決表示，如果陳太太不願意依約執行，那他們就要索賠，以彌補之前協助公私共有土地分割等種種成本。雙方的談判至此可說是陷入僵局，對陳太太來說，非但重建不成，反而還陷入官司之中，失望之情可想而知。

這家公司唯一釋出的善意是，他們沒有用合約卡住陳家，而是請陳太太趕快去找其他願意接手的建方，來和他們談後續的重

建問題。

回想起當時的挫折，陳太太縱然有些沮喪，但她從來沒有失去信心。她說：「該往前走的時候還是要往前走，這個方向是不會變的，除非沒有路。只要有路，我們就要繼續向前。」雖然家裡沒有任何人開口抱怨或指責，但陳太太始終覺得這是自己的責任，她必須讓重建有個完美的結果。

重新修正挑選建方的標準

後來，透過好友的介紹，陳太太先後和三家潛在建方洽談，其中一家就是我們的團隊。其實在這三家公司中，我們團隊的規模是最小的，但這回，陳太太更清楚她自己選擇建設公司的標準。規模和名氣，對陳太太來說只是考量的部分因素，她更重視的是對方的態度和溝通方式。「之前那家建設公司在規劃時，從來沒有跟我們討論，就只是直接把圖畫好後拿給我們看。當時我以為這樣很正常，畢竟房子蓋好後建方還要賣，他們本來就會站在自己的角度來規劃。後來遇到你們，才知道這些都是可以討論的。」陳太太告訴我。

為求慎重，也為了讓陳家有安全感，第一次洽談，包含我在內的團隊三位主管，便一同前往，直接和陳家溝通，並仔細釐清建案中的各個細節。或許是我們的誠懇打動了陳太太，她沒有考慮太久，便決定和我們合作。討論過後，雙方決定由陳家負責處理之前那家建設公司的索賠，我的團隊則單純和陳家簽訂合建契

約，而在合約簽定後，我的夥伴便開始動手處理被上一家建商忽略的畸零地問題，釐清所有土地產權。我們規劃在陳家的土地上打造出一棟四拼6層樓房屋，陳太太所分配房屋除了自住外，其他出租或出售。如此一來，不但可以擁有全新的家園，還可享有一筆可以動用的收入。

雖然只是一個23戶的社區，不算太大，但對我們而言，重要性完全不亞於任何大型建案。當時，為了不讓她失望，我們非常努力的請到知名建築師李天鐸先生來操刀，而李建築師這次也一反建築界慣例，直接與屋主，也就是陳太太和他的家人溝通，聆聽她們的想法和需求。對陳太太來說，這些經驗都和過往截然不同。

「我只要一個實實在在的家」

趁著這次重建的機會，陳太太讓已經成家且生兒育女的兩個兒子，各自擁有一戶獨立的屋子。僅上下樓之隔的三代家人，不但可以互相照應，又能保有自己的空間。儘管結婚之後，長達30多年的時間都與公婆同住，但開明的陳太太非常能夠欣賞這種距離的美感，也樂於享受這樣的生活。當然，往後他們再也不用去繳付那沈重的租金和稅金。

從一開始的起心動念，到重新找到合適的建方，最後終於拍板定案，歷經了整整6個年頭，過程中雖然有些許波折，但因陳太太的鍥而不捨，終究還是淬煉出甜美的果實。「以前總覺得房

子這麼大,好麻煩啊!但現在,越接近重建,就越能夠欣賞這間大房子的好處。」言談間,不難聽出陳太太宛若放下心頭重擔的輕鬆,似乎也可以嗅聞出她對舊家的不捨與對新家的期待。

過去,陳家住的是自由自在的獨門獨院,未來,他們即將入居的是有著左鄰右舍的住宅社區。這樣的轉變,想必需要一點時間適應。不過,家的意義,早已遠遠超越那些磚瓦門牆的局限或價值。誠如陳太太所說:「我沒有想過要花大錢去蓋什麼名牌住宅,我只想實實在在,很踏實的把家園打造起來。」

雖然重建案還在進行中,但我們幾乎已經可以想像,屋宅中那三代同堂的和樂景象,而這肯定也是陳太太心目中理想家園的樣貌。

都更／危老重建小教室

＊簽約時，務必仔細查看合約上的每一個條文，最好可以和現行法規加以對照，有任何疑問，都可以請建方進一步說明，或請教政府相關單位（以台北市來說為更新處與建管處）。

＊如原房屋建築基地中，包含公有地或其他屋主的私有地，務必仔細釐清土地歸屬，並辦好土地購買或分割，以確保重建後房屋之產權。

＊如果是屋主和建方合建，雖說建方在設計房屋時必須考量到市場，但屋主應該也能在法令範圍內，適度提出自己的需求，請建方配合。

＊中小型建方在運作上相對靈活，通常也比較願意和屋主溝通。

第 **4** 章

重建時我需要出錢嗎？
重建後可以換回多大的房子？

01

合建和委建的最大差別

　　從事都更與危老重建工作的這幾年，和屋主洽談的過程中，我常被屋主問到的問題之一就是：重建時我需要出錢嗎？

　　的確，蓋房子需要一大筆資金，很多屋主都會擔心自己無法負荷，所以通常一開始就想要搞清楚這個問題。而我的答案也很簡單：如果是和建方合建，除應繳納給政府的稅費及預繳的管理費之外，不須繳交任何費用；但如果是自建，就必須由屋主自行向銀行辦理融資。

合建，屋主不用出錢

　　不管是都更重建還是危老重建，如果屋主和建方屬於合建的關係，建方的收入來自出售合建分得的屋宅，所以在重建的過程中，一切相關事務，從屋主協調、向政府機關遞交文件、房屋銷售（含預售）、發包給營建公司，到最後的交屋客服，都由建方包辦。簽好合約之後，屋主只要等著在幾年後搬回新家就好，除

應繳納給政府的稅費及預繳的管理費之外，不須繳交任何費用。

除非屋主發現可以分回的坪數不夠用，想要更大的空間，才需自掏腰包，在簽約時跟建方購買不足的部分，待房屋開始動工興建之後再付費即可。感覺有點類似購買預售屋。當然，加購的費用計算方式也都會清楚註明在合建契約上。

委建，屋主需自行融資，亦可申請政府補助

如果是由屋主主導整個重建過程的自建，因為受委任的建經公司或顧問公司收取的是服務費，重建後的房屋歸屋主所有，所以興建所需資金，屋主必須自行張羅。當然，最常見的方法就是向銀行申請融資。

需要提醒的是，在向銀行申請融資時，因為沒有建方或建經公司介入，銀行必須面對眾多個別的屋主，對於還款能力、利息繳納等會有疑慮。因此，銀行通常會要求信託，將土地交付信託後，銀行才會融資給屋主。而且，為了求得多一點的保障，有些銀行還會要求屋主一次撥用所有融資金額，也就是說，融資利息從頭開始就要以融資全額來計算。此外，銀行也會在核貸條件上設下比較多的限制，有可能會要求連帶或擔保。

不過，若暫且撇開銀行融資的部分，為了鼓勵重建，針對那些一切自行張羅的自辦都更屋主，政府會提供些許補助。

如果是都更重建，除了針對更新會的補助，也有放寬工程階段的銀行融資上限；如果是危老重建，除危老重建的補助之外，也提供了貸款上的優惠補助。（詳細內容請參見 p.120）

　　在每個不同的階段，政府都會針對屋主需要的經費提供不同形式的補助，但這些補助都有申請資格的限制與金額上限，而且每個縣市也多少會有些許差異。若屋主決定自建，可進一步請教政府相關單位。

02

重建後房屋的換回比例
如何計算

　　重建後的分配比例永遠是屋主最關心的一個議題,也是最需要協調、溝通的部分,畢竟它直接影響了房屋重建後的總價與屋主的生活空間。根據我這幾年的觀察,屋主和建方的協議若最後破局,多半也是因為分配比例無法達成共識。

　　站在屋主的角度,自然會希望能換回的坪數越大越好。若換回的坪數小於他原先所擁有的坪數,比方說原本的三房變成兩房、兩廳變成一廳,他們通常會對重建產生抗拒的心理;而對建方來說,在合建的狀況下,他們是沒有收取服務費的,如果沒能在成本和收入上做好管控,這長達 7、8 年的辛苦努力,很可能變成白忙一場。

　　因此,在與屋主洽談之前,我們必須仔細評估房屋本身的條件,才能精算出一個可讓屋主接受,同時又能取得合理收入的分配比例。

評估建案價值的兩大重點

一般來說，在評估建案時，我們會從以下兩個角度著手：

（一）地段

對建方來說，房屋售價高的區域對建築材料及設備的要求較高，所以興建時需耗費較多成本。不過，因為重建後房屋的市場行情比較好，建方可以獲取較多空間來分配給屋主，所以，屋主分回的比例也會比較高；相對的，如果房屋的位置不是太好，重建後的售價也會因此受限，這時建方就得拿回更多的銷售坪數，才能打平成本、維持，或創造合理利潤，也因此屋主的換回比例就比較低。

（二）房屋本身的條件

這裡所說的條件包括基地規模（大小）、形狀、臨路條件，和對外交通等等。若基地方正，便可更有效率的進行建築設計；若房屋臨大馬路，通常有較好的商效，臨近公園，則適合打造優質住宅；其次，如果距離離捷運站很近，房價也會比較高，這些都會直接或間接影響到重建後的分房比例。

當我們把所有會影響房價的因素都考量進去後，計算出來的結果可能是屋主和建方五五分、六四分，或是七三分。因為每個建案的條件都不一樣，屋主與建方所分得的比例也不盡相同，沒

有固定標準。這個時候，最大的原則就是合意，也就是說，只要屋主和建方可以達成共識，那就是最合適的數字。

決定好屋主與建方的分配比例後，接著就是根據屋主的土地持分來計算每一位屋主可以分得的坪數。

為何無法「室內坪一坪換一坪」

曾經有段時期，政府為了極力推動都更重建，喊出「室內坪一坪換一坪」的口號，希望藉此吸引更多屋主參與重建。在舊屋換新屋的前提下，這樣的條件似乎非常划算，但事實上，經過這幾年的經驗，我們發現在目前這個 40% 到 50% 的獎勵值之下，位於住宅區的 4 樓以上公寓，在重建之後其實很難滿足室內坪一坪換一坪。

每次和屋主溝通，只要一講到這一點，很多屋主都會覺得很疑惑，甚至無法接受，所以我通常會以實際數字來舉例說明。

首先，一個很重要的觀念是，房屋重建後，屋主可分回的面積是以持分的土地面積換算出來的，而不是以目前建物的實際坪數來換算。換句話說，屋主可分回的坪數主要是看土地持分的大小，而土地可創造出的坪數又與使用分區（即容積率）有關。

以台北市第三種住宅區為例，法定容積率是 225%，每 1 坪土地可蓋 2.25 坪的容積，假設我們可以申請到 40% 的危老獎

勵，那就可以創造出 1 × 225% × 140% 的容積，亦即 3.15 坪。若再乘以每坪容積可創造出的銷坪係數，在此暫以 1.55 計（一般介於 1.55 至 1.6 之間），則 3.15 坪容積約可創造出 4.88 坪（3.15×1.55）的產權坪。但是，這個算式並沒有包含建方所需付出的成本，也就是說，如果選擇合建，這 4.88 坪還包括要分給建方的部分。

一般來說，重建後是否能夠「室內坪一坪換一坪」取決於以下兩點：一個是土地持分，一個是現有建物的面積。我們先來看土地持分，以 50 坪的土地來說，若只興建 2 層樓建物，那表示土地所有權人只有兩人，各持分 25 坪；但若興建的是 4 層樓的建物，則各所有權人只能持分 12.5 坪（多數舊公寓的土地持分約在 8 至 12 坪），每個人可分得的面積只有 2 層樓建物所有權人的一半。以同一塊土地來說，當屋主越多，土地持分就越小，重建後每位屋主能夠分得的坪數，當然也會跟著變小。粗略的說，建物的樓層越高，屋主通常也越多，要室內坪一坪換一坪的機會也就越小。但若真要精算，就不能單純只看建物的樓層數，而是要看土地持分大小。

其次是現有建物面積，同樣大小的土地持分，建物面積未必一樣大。現有建物面積小的屋主或許真能室內坪一坪換一坪，但建物面積較大的屋主可能就沒辦法。

不同樓層，不同比值

事實上，即使屋主可以接受和建方之間的分配比例，但因為每位屋主原本所擁有房屋的條件不同，在分房時，有些屋主會針對自家優勢，主張應該分得多一點的坪數。舉例來說，一樓的屋主可能會認為自己的價值最高，因為一樓可以當店面，還可以停車，又不用爬樓梯。可是擁有頂樓房屋的屋主也會主張，他家樓上有屋頂平台可以加蓋（雖然平台應該是屬於全棟所有權人所有），還可以曬衣服、種花，所以他的樓層價值比較高。

以台灣人的使用房屋的習慣來說，這樣的說法當然有它的道理。所以，我們在與屋主洽談之前，通常會把這些條件估算進去。比方說，若以住在二樓以上屋主的條件為基礎，一樓可能就可考慮其現有條件再優惠些，或頂樓有搭建合法的舊違章建築物且可供居住使用，也會給予合理的拆遷補貼費用。一般來說，台灣人對樓層的價值普遍都有共識，所以大致都可以接受因為樓層不同，所產生的條件差異。

因建蔽率和公設而消失的一樓店面

另外一個可能會影響坪數分配的變因就是建蔽率。建蔽率又稱建築密度或建築覆蓋率，指的是建築面積占基地面積的比率，而且每個城市、地區的建蔽率規定也都不一樣。若以台北市的住三為例，法定建蔽率是 45%，也就是說，100 平方公尺的土地，

什麼是建蔽率？

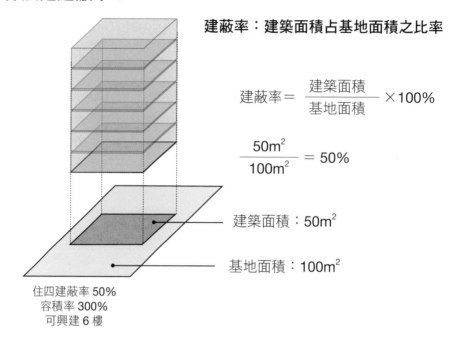

建蔽率：建築面積占基地面積之比率

$$建蔽率 = \frac{建築面積}{基地面積} \times 100\%$$

$$\frac{50m^2}{100m^2} = 50\%$$

建築面積：50m²

基地面積：100m²

住四建蔽率 50%
容積率 300%
可興建 6 樓

單層只能蓋 45%，危老重建又會放寬一些。

　　建蔽率是政府為了更好的都市環境，所實施的規定之一。過去的老公寓沒有建蔽率的規定，一般都會蓋滿滿。但現在新蓋的社區大樓，就必須遵守建蔽率的限制，縮小建築單層平面面積，也會讓建築退縮。此外，還要扣掉車道、梯廳、樓梯間等公共設施。因此，原本擁有一樓店面的屋主，可能就無法再分回一樓的店面，這個時候，有很多屋主會開始對重建感到抗拒。我完全可以理解這樣的心情，但礙於現行法規，有的時候建方真的無法做到兩全其美。

為了避免這樣的為難，我們在開發住宅型建案時，通常比較傾向找位於巷子裡、比較沒有商效的老舊建物。也就是說，屋主沒有非得留在一樓的必要，重建後的價值差異也比較小，如此一來，順利說服屋主的機率也會比較大。然而，話又說回來，現今因為消費模式改變與這次新冠疫情的影響，許多人轉而在網路上購物，臨路經濟已經不像以前那樣具有強大優勢，租金效益也不若過往，所以我們在和屋主洽談時，也會有比較大的空間。

　　每個建案的狀況都很不一樣，每位屋主的想法也可能有很大的差異，溝通協商的方式當然也無法一概而論，因此，在處理這些問題時，幾乎沒有所謂的通則。唯一的方法就是花時間不斷向屋主說明，不過也就在這些溝通的過程裡，我們可以更了解每一位屋主的難處和需求，並且在可能的範圍之內，幫他們解決因重建而產生的問題。

　　房屋雖然也是一種商品，但我總認為，就因為房屋是屋主們重要的棲身之所，也是創造回憶、豐富生命的地方。面對重建，他們當然會有許多遲疑，也會有很多理性或非理性的考量，所以，我總是不斷提醒自己一定要能設身處地，為屋主創造最大利多。如此，才能真正體現住宅重建的真正意義。

03

如何評估重建後的需求

　　取得多數屋主的共識之後，我們便會正式邀請建築師加入設計屋宅，而在進入申請建照的階段之後，會再邀請營造團隊，正式展開重建的工作。

針對多數住戶的需求來設計房型

　　在這個階段，屋主們通常會開始想像自己未來的家園是什麼模樣。我也一樣，在和屋主洽談的過程中，每位屋主的性格、家族成員、主要需求，隨時都在我的腦海中浮現，我總是會不停思索，到底什麼樣的住宅最適合這個建案的屋主。

　　通常，我們會看屋主分回的坪數是落在哪個區間，並且透過問卷，仔細調查屋主希望未來可以分到幾房型的房子之後，再進行住宅的坪型規劃。比方說，如果多數屋主可以分到的都是 30 至 40 坪的房子，我們就不會去設計 50 至 60 坪，甚至是 70 至 80 坪的房子，因為這樣屋主分不回去；如果大部分屋主的需求都是

2 房或 3 房，我們就不會設計太多 4 房的房子，不然屋主的選擇會變得很有限。

屋主可針對交屋時的需求轉變，售出或加購坪數

但我們也必須考慮到另一種狀況是，等到可以交屋時，屋主可能已經不再需要那麼大的坪數，例如，子女成家，不再與父母同住，那我們也會提供較小坪數的屋子，讓屋主可以做彈性選擇。假設他原本可以分回 40 坪，那我們就提供 2 戶 20 坪的房子，多出來的那 1 戶，屋主可以出租或出售。又或者，雖然屋主可以分到 40 坪，但他覺得 30 坪其實也夠住了，這個時候，屋主可以把剩下的 10 坪賣給建方，取得的現金就可以用來裝潢。

相對的，如果屋主發現自己可以分得的坪數不夠用，也可以在動工之前向建方購買。這時我們會請合作的代銷公司或估價師提出預估的房價，向屋主報價，再加上一些折扣，算是給屋主的回饋。

如果是都更重建，政府會涉入監督屋主與建方間的分配情形，當「找補」差異很大時，也就是有屋主超選或少選的金額很大時，政府就會來瞭解是否房型設計出了問題？屋主是否知道他超選？如果涉及抽籤，政府也會來看抽籤程序是否符合規定，這些都是對屋主多一層的保障。

當然，都更重建的原意是讓原住戶享有更好的生活環境，

而不是讓屋主把漲價的房子賣掉，再去其他地方買更大的房子；或是因為無法負擔重建後隨之而來的相關費用，只好把它賣掉，再到房價更便宜的地段另外購屋。不過，因為重建後是成為新房屋，升值也是一個必然的趨勢。換個角度想，重建之後，雖然有些住戶可以留下，有些住戶必須選擇離開，但至少所有住戶都可以脫離原先陳舊，甚至有危險性的生活環境，讓身心得到更好的安頓。而且不論留下或離開，參加重建的屋主資產價值都會有數成，甚至倍數的增加。

建方會如何進行房屋預售

若重建時採合建方式與建方合作，建方在取得建照後，興建新屋前，會提出「預售」的需求，也就是在興建前，先銷售未來將興建的房屋。預售期間（不包含前期準備及預售屋搭設等時間）會視市場景氣進行調整，大約是 6 個月至 1 年。

將舊有房地點交給建方之後，建方便會開始支付租金補貼給屋主，所以，並不會因為多了預售屋銷售期間，而造成屋主的損失。而且，因為建方付給屋主的租金也是一筆不小的成本，所以屋主不用擔心建方會無限期延長預售期間。

04

新屋的價格和選屋順序
如何決定

屋主需要的坪數和戶數都確定之後，接下來就可以開始選屋了。

選屋時，我們的做法是把屋主分配到的坪數乘以均價，算出價值總值，然後讓屋主根據總價值來選擇樓層，因為每個樓層的價位都不一樣。如果屋主選擇的樓層價值比他應得的總價值少，建方就會退錢，但若選得比總值還多，屋主就需要補錢。

比方說，某位屋主可以分得 100 坪，而整棟房屋的均價是每坪 80 萬元，那位屋主就可分到 8,000 萬元（100 坪 × 80 萬元 ＝ 8,000 萬元）的價值。如果他選在 2 樓，2 樓的價格是 1 坪 50 萬元，他只需要花 5,000 萬元，那建方就要退給那位屋主 3,000 萬；如果他選在 15 樓，假設總價是 9,000 萬元，那屋主就要補給建方 1,000 萬。

新屋價格的制定方式

　　當然，每坪均價會影響到價值的總值。如果是危老重建，且是屋主和建方合建，房屋的售價通常是由建方估價師和代銷參考區域市場行情來訂定。但如果是都更重建，若為權利變換*，因為政府有一個固定的機制來確認建方所提出的價格是否合理，所以這時整棟均價就不是由代銷公司建議決定，而是根據政府規定，找 3 家估價師來評估，最後再訂出更新後的價值；但若是協議合建，房屋的售價通常是由建方和代銷來主導。

　　面對不斷高漲的房價，雖說政府必要時得透過某些政策來加以抑制，但政府並不會因為要抑制房價，而希望估價師把價值評得低一點。畢竟建方的成本和利潤是一定的，評估出來的價值越高，屋主才能分回比較多的坪數。就好比說，建方的成本和利潤合計是 1,000 萬，那建方就可以拿回 1,000 萬的價值，所以，如果全案的價值被評估為 1 億，那中間的差價 9,000 萬就是屋主的，如果全案的價值被評估為 8,000 萬，那屋主就只能拿回 7,000 萬的價值。

　　也因此，以都更重建來說，政府反而會希望重建後房屋的價格提高，因為這樣對屋主比較有利。換句話說，都更重建比較是

---

*　亦即由屋主出地，建方出錢，並由 3 家估價師估定屋主更新前的權利價值比例，以及更新後的房地總價值。重建完成後，屋主就依照前述的比例支付成本予建方，也依同樣的比例分配蓋好的房地價值。不願參加的屋主，就領取補償金。

站在屋主的立場來進行，建方跟屋主之間的找補會以報告書為依據。不過，實際銷售時，若當時的市場行情更好或更差，建方得以把房價賣得比當初評定的價錢更高或更低，政府也不會介入。

選屋時，大致依照原位置

以都更重建來說，選屋通常會在權利變換階段進行，依規定也必須在都市更新事業計畫表明分配及選配原則。一般來說，會以「原位置」優先。例如，一樓的屋主可以優先選配更新後的一樓房地單元。此外，假設基地是坐南朝北，因為面北跟面南的房子可能是不同的臨路條件，因此會建議原本朝北的屋主依舊選面北的房子，原本朝南的屋主就選面南的房子，以維持屋主原有的房屋條件為原則。當然，如果屋主不想選跟原本一樣的方位，那就可以和其他屋主再進行協調。

但如果是危老重建，選屋就沒有特別的原則，基本上會以合意為基礎來進行，選屋的時程則多半落在建照申請階段前後。因為不用經過政府的監督，所以彈性也大很多。

房屋興建的過程中，若屋主需要更改屋內格局，進行所謂的客變，也可以配合建方所安排的工程進度提出。施工時，屋主只需支付少許費用，建方便可代為監督，省去了交屋之後再大興土木，甚至影響住居的麻煩。

我曾經碰過幾位屋主，繼承了長輩留下來的房子作為目前的

住居，因為自己也從來沒有考慮過要買屋，所以一時之間不知該如何評估自己的需求。若建案中剛好有這樣的屋主，我們會協助屋主分析他的實際需要，如果他的家族成員正好在重建時出現變化，也正好可以趁著選屋之便，創造出更適合當下的生活環境。

自辦合建不如請教專業 互信溝通成就理想家園

建案名稱：耕玉
建案地點：連雲街與臨沂街65巷交界處
都更／危老：都市更新（採權利變換方式實施，建方為實施者）
合建／委建：部分合建、部分委建

對建方的不信任，是很多屋主不想參與重建的原因。事實上，只要願意多花一點時間深入了解「重建」這件事，或是尋求專業顧問的協助，許多疑惑和不安都可以輕鬆消除。

　　說到舊房換新屋，相信大部分的老屋屋主都很感興趣。但是，一旦開始面對眾多難以理解的建築法規，以及不如預期的換回坪數，大概有一半的人會開始猶豫。如果又知道從整合、申請，到完工，可能要花上超過 10 年的時間，或許又會跑掉一半的人。這也就是為什麼雖然政府有心推廣，但都更和危老重建的進度依然緩如牛步。

　　于先生在 2009 年時第一次接觸到都更的訊息，那個時候，政府喊出了「室內一坪換一坪，外加一個車位」的口號，再加上優化居住環境、改善住宅安全、提高房屋價值等種種好處，讓于先生對都更重建有了熱切的期待，因為當時他住家的屋齡已經符合都更重建的年限。

心想事成，踏出重建的第一步

恰巧隔年，于先生的鄰居，也就是我們團隊的客戶，要進行都更重建。根據法規，都更重建申請者必須進行鄰地協調，若鄰地也有意重建，就必須和鄰地一起進行都更。這對于先生而言，可說是名符其實的「心想事成」，本來就對重建抱有強烈意願的他，在收到市政府的鄰地都更協調會通知後，便立即邀集同棟公寓的鄰居展開討論。同時，他還很積極的寫信給附近三棟舊公寓的鄰居，鼓勵大家一起加入重建，並進一步與鄰居組成都更小組，希望集結眾人之力，爭取最大重建效益。

不過，雖然和于先生同住一棟的鄰居都同意參與都更，鄰近的三棟舊公寓卻分別都有一、兩戶屋主，因為一樓設置了車庫，且有小院子可以使用，因而婉拒參與，所以，一直未能達到八成住戶同意的門檻。於是，于先生轉而求助於建築經理公司，希望能透過他們專業的協助來整合所有屋主，但結果卻讓人失望了。因為這些建經公司要不就是聯絡後完全沒有回音，要不就是希望于先生他們可以自行整合，拿到八成屋主的同意之後，才願意進場協助，顯然對這種規模不大，但不確定性卻很高的案子不感興趣。

因為找不到願意承攬的建經公司，屋主間的幾番協商也沒能完成整合，迫不得已，最後只有于先生住的這棟舊公寓，參與了我們客戶的都更重建。雖然有點美中不足，但終究是過了重建的

第一個關卡。

為了爭取更大坪數，從合建改成委建

我們團隊所承接的這個重建案是採取權利變換的方式來進行，也就是由屋主和我們團隊合建。所以，當于先生他們決定和我們一起進行都更之後，團隊的首要之務，就是和那棟公寓的所有屋主進行協議，看看雙方對合作條件能否達成共識。

于先生家屬於台北市第三種住宅區（簡稱住三），權狀上的坪數是 38.37 坪，土地持分 9.83 坪，若以土地基準容積 225%，再加上預估可以申請到的都更獎勵 36.26% 來計算，重建後，于先生的新家預估可以蓋成約 48.22 坪（9.83×2.25×1.3626×1.6）的房子（含公設）*。但因為是與建方合建，我們會取得新屋的部份坪數作為公司的收入。細算下來，于先生和他的鄰居可以取回 65% 的坪數，剩下的 35% 則歸我們公司所有，換句話說，于先生只能取回 31.34 坪的產權坪（48.22×65%），扣除公設後，約為 20 坪。

從 38.37 坪（舊公寓公設面積極小，在此暫且忽略）變成約 20 坪，少了將近一半的面積，根據我們過去的經驗，許多屋主都會因此打消重建的念頭。于先生也不例外，他完全無法接受這樣的結果，但不同的是，他沒有因此而放棄重建，而是進一步找台

---

* 計算方式的說明請參考本書第 3 章 p.116。

北市都更學會諮詢，確認這樣的計算方式是否合理。

或許因為落差實在太大，在告知計算無誤的同時，都更學會也給于先生兩個建議：其一是以委建的方式和我們合作，如此，重建之後，就可以得到和舊家相近的坪數，但于先生他們必須自行出資；另一個方法是，于先生他們那棟舊公寓獨自進行重建，不和我們一起重建，但這麼一來，因為基地太小，無法達到都更的最低標準，所以容積獎勵會大幅減少 30%。兩相權衡之下，于先生傾向第一個選項。

雖然和原本的想像不同，但值得慶幸的是，于先生的鄰居們對重建的態度非常一致，所以大家很快就達成共識，決定以委建的方式參加都更，家園重建之路又往前邁進了一步。

難得一見的理性屋主

在整個過程中，我個人非常佩服于先生的一點是他的理性和實事求是。和一家完全不認識的公司合作，會覺得沒安全感也是無可厚非，但面對自己的諸多疑慮，于先生選擇以行動與積極求知的態度去確認事實真相。比方說，當雙方還在進行協議時，于先生便在我們團隊的安排下，親自前往當時正在進行預售的耕曦建案，等房子蓋好之後，又去了一次，藉以了解我們施工品質。而事後他也告訴我們，當時他之所以決定和我們合作，那次的勘查非常關鍵。

此外，因為知道自己對建築所知有限，所以他打從一開始便聘請了一位都更顧問，一路陪他一起確認都更條件、協議項目、合約內容，並回答他對都更的所有疑問。而在建案開始施工之後，于先生更是三天兩頭的往工地跑，和他的工程顧問一起勘查施工狀況。事實上，因為顧問公司不管是跟屋主或建方都沒有利益關係，所以可以扮演一個中立第三方的角色，除了隨時提供屋主諮詢，也可以運用他們的專業，代表于先生和我們協調很多事。

能遇上于先生與他的鄰居這麼給力又容易溝通的屋主，我真的覺得我們的團隊非常幸運。不過，這個時候我卻也忍不住要想，如果其他屋主都能像于先生與他鄰居一樣，可以從一個比較客觀的角度來看待重建，以及與建方的協議，應該可以有更多的屋主可以離開陳舊、危險的老宅，搬進一個健康、舒適、安全的環境。

對於這期待已久的都更機會，于先生自然是非常珍惜，所以，儘管是自掏腰包的委建，他和他的鄰居都寧可多花一些錢，也要選擇有口碑的建方，以保障建築的品質。至於設計部分，我們則邀請了曾獲多項世界建築大獎的李文勝建築師，不僅外立面與內部設計都相當值得期待，在結構上也是以最嚴格的標準來要求。此外，于先生也趁著這次重建，做了一些客變，讓新家更能符合自己未來生活的需求。

日後，于先生所住的那棟 5 樓舊公寓會和我們原先承接的那

個建案，一起重建成 13 層樓的社區大樓，多出來的房屋（原為 10 戶），已由現有屋主購回，所有屋主可以再一起分享售屋所得，並利用它來償還部分興建房屋用的貸款。

等待，都更重建的最大修煉

于先生告訴我們，這次參加都更，對他來說，堪稱是一樁天時、地利、人和的美事：「因為我的房子正好夠老，再加上政府提供容積獎勵，所以才有都更的可能性，這是天時；其次，我房子的地點很好，而且近年房價上漲，出售後有盈餘可以支付工程費，這是地利；此外，我的鄰居都有強烈意願要參與都更，再加上專業的顧問和出色的建方，大家齊力合作打造完美的建案，這是人和。」

的確，雖然一開始因為另外三棟不願參與都更的舊公寓，花了一點時間整合，但是，相較於眾多花了 7、8 年，仍然無法得到足夠同意比例的大型住宅社區，這個建案的進行過程算是相對順利。

只不過，6 年的時間對于先生來說還是長了一點。「整合要等待、市政府審核程序要等待、蓋屋要等待，要花掉許多時間在等待。」于先生無奈的說。再加上興建房屋的 3 到 4 年之間，必須在外租屋，對於一直住在自有住宅的于先生來說，不僅不方便，也很沒有歸屬感。

于先生的感受其實也是多數屋主的心聲，但為求有更健康、安全，新的居住環境，房屋興建的 3、4 年期間在外租屋所造成的不安定，或許是必要之惡。至於屋主整合與公部門審議等長時間等待的折磨，就只能期待主管機關加快審核速度，並拿出強制拆除的魄力，才有辦法改善了。

有充分信任，才能有精彩的發揮

從執行面來說，這個建案對我們來說有點特別，因為其中有三分之二的屋主和我們是合建的關係，另外的三分之一則是委建。除了費用之外，合建和委建另一個很大的差別是，在合建的狀況下，重建過程中的大小事都由建方主導，但委建則需要由屋主自行監督建方。所以我們除了要對原本三分之二的屋主負責，還要接受後來才加入的于先生與其鄰居的監督。

幸而，針對大部分的議題，我們都可以在一個平和的狀態下進行討論，並且獲得充分授權。這其中，我認為一個很關鍵的原因是，于先生與其鄰居在專業顧問的協助下積極投入，每一個議題都是在充分意見交流與理性溝通下達成共識，所以我們團隊也有很大的發揮空間。

都更重建這一產業，因為牽扯到屋主協調，所以總是充滿變數。但我認為，隱藏在變數背後的，未必是阻力和困難，因為很多時候，我們反而可以透過這些變數，更加了解屋主們的想法，

甚至，從他們身上得到協助、支持和學習。就像這次于先生他們的加入，原本不在我們的計畫中，但因為于先生的熱情和積極，這次的合作，對我和團隊來說，反而成了一個美麗的插曲。

都更／危老重建小教室

＊選擇建方前，可以參考該公司過去的建案，藉以評估其建設品質。

＊重建過程中，屋主若能積極投入，不僅可以保障自身權益，也能提高雙方的溝通效率。

＊除了和建方溝通，屋主之間也要積極討論，整合出彼此的共識，如此建方才能有一個清楚的實施依據，不用浪費時間去猜測或反覆修正。

＊若對建方提出的資訊有任何疑惑，可以請教主管機關等相關單位，確認資訊是否正確，即使真的覺得不滿意，也可和對方討論是否有其他合作方式。

位於路口、高達13層樓的耕玉社區，由建築大師李文勝操刀設計，外觀和安全性將雙雙升級。

和其他舊公寓一樣，重建之前，為了爭取多一點的室內空間，每層樓的住戶各自做了不同的重建，不僅品質沒有保障，也影響建築外觀。

Notes

第 **5** 章

當一個聰明共好的屋主

01

如何找尋建方

　　就像我之前一再提到的，全台老屋數量非常多，雖然有部分屋主抗拒改變，希望一切維持現有狀態，但也很多屋主希望可以透過重建改善居住環境，但又不知該從何開始？是否需要向政府申請？又要如何尋找合作的建方？當然，也有些人會擔心：建方會不會騙我？

　　房子不像車子，可能開個幾年，舊了或壞了，就可以考慮換新。對很多人來說，房子是要住一輩子的，人生中的許多重要時刻，也都會在這間屋子裡發生。所以重建之前，務必多做研究，最好是可以找到一家願意聽你說話，也願意幫你解決問題的建方。

透過多重管道，搜集建方的資訊

　　以下是幾個建方的資訊來源，如果建方剛好沒有找上你或你的鄰居，屋主也可以試著主動聯絡看看：

（一）政府單位

如果對重建完全沒有概念，我會建議先到政府相關單位去詢問相關法令或問題（如果是台北市或新北市就到都市更新處）。若人數多達 15 人，還可申提出申請，政府會派專人到社區進行法令說明。

因為是政府單位，沒有商業利害關係，也有一定的公信力，所取得的資訊會比較公允。等對重建的相關法令規定有了基本概念之後，屋主就可以進一步思考重建的可能，或是要尋找什麼樣的建方。事實上，政府單位通常都有經過核定的更新案實施者（亦即建方或建經公司）名單，如果覺得一切都透過政府這個管道會比較有保障，不妨可以從這份名單開始聯絡。

（二）網站訊息

現在，很多建方都會把自家作品或公司介紹放到網路上，屋主也可以透過上網，大致瀏覽一下各家建方打造出的建案。如有覺得適合的建方，可以直接打電話詢問。這個時候，對方通常會提供一個窗口，讓屋主詢問更詳細的訊息，屋主也可請建方針對自己的屋宅進行評估。

當然，在評估之後，有些建方可能會覺得那位屋主的案子並不適合他們公司，這個時候，屋主也不用太失望，反倒可以藉此了解建方的思維和立場，之後，就可以更加了解自家屋宅適合哪

一種類型的建方。

（三）社區鄰居群策群力

有了重建的想法後，我也很建議鄰居們先初步討論一下，把大家對建方的期待做個整合，然後分頭尋找，再把搜集來的資訊一起做個評估，進一步與對方接洽。

不過，有一種例外的情形是，如果屋主一開始就打定主意要自建，或是基地規模不算太大，地點也不是太熱門，一般建方可能興趣不大，這時我會比較建議屋主直接去找建經公司。專業的建經公司通常都有許多這類的委建經驗，也比較知道如何協助屋主自建或進行小規模的重建。

建方也需要屋主的信任

或許有很多屋主覺得，面對建方時，因為資源和資訊量都不對等，感覺就像小蝦米對大鯨魚，尤其是在看過那麼多都更抗爭事件之後，有些屋主甚至會很怕直接接觸建方。

的確，找到一家好的建方非常重要，但我也想建議大家，不要有先入為主的觀念，認為所有的建方都只想賺錢。建築業雖然看似手握龐大資金，但本質上，建方和其他產業一樣，都希望可以提供良好的商品和服務品質，為公司開創出長久經營之路。所以，我們也需要好的案源和屋主的信任。也因此，但凡有任何疑

問，都可以盡量提出，不用太過害怕或擔心。一家好的建方，必須具備足夠的耐心和專業來回覆屋主的諮詢，如果對方連這一點都做不到，那就表示你根本不用考慮和這家公司合作。

再者，每家建方都有不同的經營方針，有的公司很願意從頭開始，和屋主並肩作戰。當然，你也可能會遇到那種希望屋主自己先整合好之後，他們再加入重建工程。所以，不見得規模越大或越有名氣的公司就越好，或越適合自己。有足夠的經驗和專業能力，而且願意誠心溝通的建方，才是最好的選擇。

如何評估建方的好壞

　　有了建方的基本資料之後，屋主又該如何評估，找出最適合自己的建方呢？以下提供幾個簡單的篩選標準：

專業與態度，缺一不可

（一）擁有優秀的合作團隊

　　一個建案要順利完成，必須由許多團隊共同協力，包括營造廠、建築師、代銷公司等等。也因此，一個好的建方必須要有足夠的熱忱和人脈，邀集眾多實力堅強的團隊一起合作。拿我自己的團隊來說，我們會極力邀請知名建築師或新銳建築師來操刀設計，在建築工程方面，也都和日系或甲級營造廠聯手合作。

（二）建方要能直接面對屋主

　　為了追求更高的土地開發效率，有些建設公司會委請中人幫忙與屋主協調。但即使是這種狀況，最好也是由建設公司的工作

人員和中人一起與屋主洽談所有重建事宜，而不是由中人單獨面對屋主，替雙方傳達訊息。這種做法的好處是，若屋主有任何疑問，才能得到建方的直接回應或承諾，而且可以反映在建案的規劃和設計上，不致被忽略。

一個好的建方，必須要能對所有屋主負責，絕對不能只是一個負責出資或蓋房子的角色。

（三）具備足夠的經驗值

面對成串的名單，一開始屋主可能會有些迷惑。這個時候，我強烈建議，至少要找一家檯面上的公司。我所謂檯面上的公司，不見得要規模很大或很有名氣，但至少必須有已經完成的建案，最好是都更或危老重建的建案，因為這樣你才能看出建方溝通方式和建造的品質。如果他完全沒有做過相似案子，你就無從判斷在漫長的重建過程中，他是否會完全按照合約來進行，又是否會因為欠缺經驗而無法妥善處理某些問題。所以屋主若遇上還沒有業績或是一案公司的建方，還是要特別謹慎評估。

（四）說法前後一致

首先，可以看看對方在跟屋主溝通時，說法是否前後一致。不可否認，有些建方為了說服屋主同意重建，一開始會提出很多對屋主有利的條件，但過沒幾天，又是另一種說法。就拿大多數屋主都很關心的分配比例來說，有些建方會用一些技巧，隱瞞部分資訊，讓屋主無法做出最正確的判斷。一旦在洽談過程中發現

類似情形，便是一個很大的危險訊號，務必提高警覺。

（五）簽約為憑

不管建方開出多麼優渥的條件，都得全數寫在合約裡才算數，不能只是隨口約定。因為口頭約定沒有任何法律效用，若之後建方沒有遵照他當時所承諾的內容來執行，屋主也無可奈何。

（六）具可信度

接洽過程中，建方通常會提供許多重建的相關資訊，如果那些訊息涉及法令或政府規定，屋主不妨試著打電話到政府機關求證，因為規定或法令通常都是很明確的，不容易變動。做過確認之後，你就會知道那家建方是否有刻意隱匿資訊，若有隱匿，那信任度就要打上很大的問號。

（七）良好的溝通態度

這個標準可能有些主觀，但我覺得非常重要。不管是都更還是危老重建，這種動輒 5、6 年的工程，每個環節都要盯得很緊，也需要隨時和屋主溝通，主動了解他們的需求，同時消除他們的疑慮。我們常常發現很多公司表面上看起來很有效率，似乎很多事到他們手上都變得很簡單，馬上就可以搞定，但是實際上卻是漏洞百出、一問三不知，像這種類型的建方就需要特別小心。

或許是過去的許多都更抗爭事件把民眾嚇壞了，有些屋主很抗拒自己找上門的建方，一心就覺得建方就是黑心又無良。我們公司在開發第一個建案時就遇到了這樣的難題。後來，終於和所有屋主達成共識，也互相熟悉之後，我曾經問那些屋主，為什麼當初願意和我們洽談？有些屋主說，因為有感受到那份誠意，也有屋主說，因為我們願意花時間跟他們溝通。

　　只要建方有足夠的誠意，很自然就會表現在態度上，對方一定也會感受到。相反的，如果是一心只想著趕快達成協議、送件了事，可能就不那麼在乎屋主的想法和需求。

盡量避開土地開發公司

　　除了建方之外，屋主也可能碰到土地開發公司的人前來洽談。這種土地開發公司的運作模式是，他們會跟所有屋主協商，完成協商、拿到法律規定的同意比例後，再把整個案子轉發給另一家建方。

　　有些建方確實是希望土地開發公司幫忙把一切條件都談定，只要負責蓋房子就好。但對屋主來說，這種做法其實有一些風險，因為你不知道土地開發公司會把案子丟給哪一家公司。而且在整個過程中，屋主都是與土地開發公司洽談，若在執行階段換手，難保不會有溝通上的落差。

　　分辨建方和土地開發公司的方法是，看他們是否有完成的

建案，有的話就屬於前者。如果屋主希望重建過程隨時都有人可以協助處理問題或解答疑惑，最好還是找可以從頭負責到尾的建方，而不要為圖一時之便，跟土地開發公司簽約，然後每一個不同的階段都要找不同的人負責。

對屋主來說，最好的做法是俗稱的「一條龍」，也就是從和屋主洽談、規劃設計、營造、銷售與客服，都能由同一家建方全程控管。這種做法最大的好處是，他們會比較了解屋主的需求，也願意花時間聽屋主說話。動工之後，有人可以幫屋主監工，發生任何問題，也不怕找不到人。甚至在完工、交屋之後，建方也會協助社區管委會的初期運作，讓住戶在剛剛入居的適應期間，依舊可以享有完整的管委會功能。

也可多家建方一起評估

不可否認，大部分建方都比較喜歡位於精華區的建案，因此，有時一個位在蛋黃區的建案，可能同時有好幾個建方一起與屋主洽談。這個時候，屋主不妨請建方各自提案，然後讓所有屋主投票選擇。

過去，我也曾帶著團隊針對一個熱門的建案進行提案。當時，屋主開了一些條件，要求各家建方進行說明。屋主一開始便表達分配條件已經確定，所以，經過我們團隊內部評估可行之後，就開始邀請日系營造廠、知名代銷企畫，甚至還有後段的信託銀行等團隊一起合作提案。沒想到最後，其他建方直接提出分

配比例更優惠的方案，所以我們沒有爭取到這個案件。因為我經營公司的原則向來是爭取合理利潤，以提供更高品質的服務。所以，雖然我們非常想拿下那個案子，最後也只能忍痛放棄，因為如果硬是為了拿到案子而削價競爭，不管是對建方還是屋主來說，都沒有好處。

為了取得好的標案，各家建方當然無不使勁全力端出最好的牛肉，這對屋主而言自是一大利多。不過，在這個時候，我還是想提醒屋主，每家建方都必須從建案中取得合理的利潤，才能維持公司的營運，幾乎不太可能有哪家建方能夠不惜血本釋出所有優惠。所以，若真的碰上這樣的提案，更需要細細研究提案內容，看看建方是否有隱藏了哪筆利潤是屋主乍看之下無法分辨的。

03

調整心態、做好準備，
迎接房屋重建

　　在挑選建方時，屋主可以從專業能力、溝通方式和團隊實力等諸多面向來衡量。但相對的，在考慮重建，或是和建方討論時，如果屋主可以對都更或危老重建有更深入且客觀的認識，同時調整好自己的心態，不僅可以讓洽談進行得更加順利，在重建期間，也不會有太多適應上的問題。

（一）以客觀、中性的態度面對建方

　　重建時，不管是合建還是委建，建方和屋主應該是站在平等互惠的立場，屋主得到重建後的新屋，而建方也必須付出一定的成本，並取回合理的利潤。

　　好的建方當然要站在屋主的立場來思考，屋主也應該適時維護自己的權益，但相對的，建材的上漲和市場的不確定性對建方來說都是風險，建設公司必須做好風險上的考量和控管。如果屋

主因為土地在手而一味希望建方讓利，只會導致重建的進度停滯不前，甚至讓合作破局。

（二）投入越多，重建的成果就越好

重建的相關法規非常繁複細瑣，特別是都更重建，為了保障屋主的權益，每一階段都必須通過政府的監督，所以光是申請流程，就要花掉很長的時間。

但是，如果屋主願意花一點時間，深入理解所有的法令和重建流程，一來可以驗證建方的說法是否有誤，加強自己對重建的信心；二來，在漫長的重建過程中，屋主也可以做好心理準備和生活上的安排。

此外，我也很鼓勵屋主盡量參與重建前的協調會議和工程進度報告，因為這是屋主的權益，如果有任何意見，都可以在會議上提出討論，請建方進一步說明。根據我們的經驗，屋主投入得越多，我們就越能理解屋主的需求，打造出最適合他們的住宅。

（三）確認目標，堅定信念

重建是場長期抗戰，就像都市更新除了要面對冗長的審核程序，鄰居之間也會因為各有不同考量，在過程中出現不一樣的意見或想法，讓整個流程難有明顯進展或停頓，進而導致許多人開始對重建感到猶豫，甚至失去信心。

而就屋主個人來說，在短則 3、4 年，長則 7、8 年的人生歲月當中，生活和心境都會發生很多變化，而且每個階段對居住的需求也不盡相同，一旦有阻礙重建的因素介入，對重建的熱切期待，也容易會在不知不覺中開始冷卻。

　　因此，我想再次提醒大家，不要忘記重建的最終目的，是要讓居住環境變得更加安全、健康、舒適，而這個目標也絕對可以在未來，為家人與自己創造更有品質的生活。如果只是因為生活上的暫時性轉變，或過程中鄰居出現不一樣的意見或想法，就放棄重建，那真的非常可惜。好事總是多磨，如有任何猶疑，不妨和鄰居或建方討論一下，千萬不要因為短暫的波動，而輕易動搖重建的決心。

（四）為求重建順利完成，必要時可考慮適度折衷或接受替代方案

　　重建時，因為容積率和法規的限制，部分屋主的房屋位置和格局可能會受到影響。比方說，原本擁有一樓店面的屋主，可能無法分回原有的店面，或者無法選擇自己喜歡的房屋座向。

　　建方當然必須盡量公平針對房屋的各種條件來進行分配，但不可諱言的，因為現實條件的限制，我們無法每次都做到讓所有屋主滿意。這個時候，如果狀況容許，屋主不妨考慮接受建方提出的替代方案，以維護最大多數屋主的利益，畢竟，如果每位屋主都堅持要按照自己的想法來打造家園，但房屋本身的條件又無法配合，可能會讓重建陷入進退維谷的窘境。

（五）信任建方可為建案加分

基於對建築法規的不熟悉與維護資產的心情，可能有些屋主會對建方提供的訊息或提案有些許質疑，無法在第一時間就全盤接受或相信。這些我們當然都可以理解，所以我通常非常鼓勵屋主，不管對重建有任何疑問，都可以請建方進一步說明，或是找政府相關單位確認，務必在毫無疑惑的狀況下，再與建方簽約。

相對的，一旦釐清疑問，且所有條件都達成協議之後，我也希望屋主可以信任建方，讓他們可以有更大的空間，放手為建案進行規劃或設計，創造屋主與建方的雙贏局面。

（六）思考重建可帶來的長期利益

在我接觸過的許多屋主中，有許多人非常期待改善居家環境，所以對重建一直抱著樂見其成的態度。但也有不少人，特別是年紀稍大的長輩，因為不想離開住慣的屋宅或生活環境，不管條件多麼優渥，都拒絕重建。

一般來說，重建後的房屋，如果維護得當，要住個 4、50 年絕對沒有問題，也就是說，經過重建之後，至少有 4、50 年的時間，屋主都可以享受一個安全、舒適的居住空間。除了目前的家庭成員，家族後代也可以繼續享有，是一個效期很長的投資。如果放棄眼前的重建機會，目前已經有 40 年屋齡的房屋，屋況只會一年比一年更糟，不僅安全性和舒適性會跟著大幅降低，如果

屆時社會對都會精華地段的定義有了改變，造成土地價值下降，重建的效益必定也會不若以往。

因此，建議大家可以把時間軸拉長一點，來評估重建的價值。

（七）了解自家屋宅的區位條件

我在前面曾經提到，房屋本身的狀況和所在位置，是影響重建條件的關鍵因素，若將這兩者相比，房屋所在位置的影響又更大一點。所以，屋主不妨大致了解一下每個區域的房價行情，有一個基本概念之後再來和建方討論，通常比較容易達成共識。

反過來說，因為建設公司的經營風格不盡相同，即使是相同區位，能夠提供給屋主的條件也不一樣。屋主可以多方比較、斟酌，選擇最適合自己的合作對象。

此外，如果住家正好位於國有地旁邊，因為政府機關有自己的行政流程和法規，若想整合國有地一起重建，在程序上可能比較耗時，屋主也必須先有心理準備。

（八）修正對產權坪數誤解

房屋坪數無疑是屋主最重視的重建條件。如果建物中全部都是一般的地上居住空間，產權有權狀作為依據，通常不會有什麼爭議。但我們偶爾會發現，有些 4、5 層樓的老舊公寓設有地下

室，其中有很多地下室只能作為防空避難使用，不是可以合法利用或居住的空間，但因為占有土地持分，所以有些屋主會將這些地下室的坪數視同地上建築，一起要求坪數分配，引發屋主間的產權紛爭。

為了解決這些問題，我們通常會針對地下室的性質，採取一個折衷的做法。比方說，如果那個地下空間可以營業，價值比較高，我們就會採用估價的概念，訂出合理的價格，來和屋主做找補。

不只是地下室，因為過去的建物產權登記制度不是那麼健全，遺留下許多問題，例如公設建號登記不完全，或是同一筆土地裡出現建物與土地持分不相等的狀況，往往都會造成重建的困難。所以，遇到這種狀況時，為了不影響所有屋主的權益，政府和建方會尋求地政機關的協助，或是採用估價的方式來解決。

（九）確認重建的急迫性與相關獎勵

如果屋況已經非常不好，或是具有危險性，如海砂屋或輻射屋，為維護自身安全，屋主最好可以加快與建方洽談的腳步。此外，中央及各縣市政府針對海砂屋（隸屬地方政府管轄）或輻射屋（隸屬中央管轄）等特別類型的危險屋宅，也提供了比一般重建更多的獎勵，屋主也可以進行了解，為住家爭取最好的重建條件。

04

合建與委建的合約重點

　　能夠走到簽約這一步，表示屋主和建方的洽談已經達成協議，這是雙方彼此信任的成果，也是彼此信任的另一個開始，因為接下來，就是大家最期待的拆屋、預售和動工興建了。

　　也許有屋主會問：我和建方用都市更新權利變換的方式合作，一切都遵照法令進行，是否就不用簽署合建契約了？

　　雖然在權利變換程序中，相關成本提列與售價預估均依照政府的規定，但因有時法令的僵固性無法即時反應市場的機制，因此與實際情況有著相當的落差。此外，權利變換計畫書並無法約定屋主與建方之間的許多權利義務關係，比方說交屋、驗屋、保固條件、違約罰則等等，因此，我強力建議屋主與建方還是必須簽署合建契約書，以維護彼此的權益。

務必審慎查閱合約上的所有內容

　　與建方簽約時，最重要的無非就是合約上所提及的內容，

換句話說就是合約上是否完整載明了屋主和建方的所有權利和義務。其中，需要約束的項目不外乎以下幾項：

（一）重建標的

亦即要進行重建的基地範圍。

（二）分配條件

因為必須通過審查才能確認獎勵值，這個時候寫下的坪數日後或許還會變動，不過建方還是必須清楚寫上分配的原則和比例。如果有屋主想看到坪數才有「安全感」，有些建方也會以附註的方式，提供試算範例，讓屋主有一個概念。

（三）雙方的權利與義務

比方說，屋主必須繳交同意書，如果是合建的話，建方必須負責重建的所有費用，而且不能拿屋主的土地去抵押等等，這些在合約中都必須載明。若是委建，雖然沒有分配條件的問題，但權利和義務一樣都不能省。

（四）建築設計

必須寫上在營建工程中，建方必須擔負什麼責任，包括瑕疵擔保與保固（結構保固、防水保固、設備保固）等。

（五）建材使用

建方必須將建材內容條列清楚，如屋主需要客變，除了施工費用，可能有許多管線要做相應的變更。這時建方必須幫屋主監督，以及處理一些衍生的手續與服務，所以通常會針對客變酌收管理費，這些也都要清楚載明。

（六）選屋

選屋的原則必須清楚羅列。

（七）交屋

包括交屋時間、如何交屋，交屋時是否還要收費，甚至包括交屋之後的客服等都需要註明。

設定退場機制，保護屋主權利

在所有項目都寫明之後，還有一個重點就是退場機制。所謂退場機制指的是，屋主給建方一定的時間進行屋主整合，如果時間到了還無法完成整合，雙方就必須解除合約。否則，若一直存在著合約關係，屋主便無法再找其他建方合作。一般來說，合約的有效期間多以 3 年為限。

在此，我舉一個因為沒有設定退場機制，導致屋主進退維谷的例子。幾年前，我們的團隊在大安區有一個開發案，那個案

子原本便有一家建方進場與屋主洽談。不過，屋主和他們簽了約之後發現，那家建方申請劃定的範圍，並未包含所有委託他們進行重建的土地。細究箇中原因，發現是那家建方覺得有一部分的土地，屋主不容易處理溝通洽談，故「策略性」的只為容易處理的土地申請劃定。因此，土地沒有被劃入申請範圍的屋主，希望和他們解約，甚至被申請劃定小範圍內的屋主，也覺得原建方不誠信、縮小基地範圍、減損重建後建物價值，損及權益而希望解約，與我們團隊簽約、進行重建。不過，因為與原先那家建方的合約沒有載明期限，解約的條件也非常不明確，所以他們合約關係一直存在。在原合約問題解決之前，我們也無法和屋主進行任何協議。

除此之外，也有很多建方會用屋主聽不懂的方式來說明合約內容，或是以退為進，先在口頭上表示願意退讓，等拿到同意書之後，又推翻之前的說法，這些都可能會傷害到屋主的權益。簽約之前，請大家務必仔細看過合約內容，不管建方之前做了什麼承諾或釋出什麼誘人的條件，一切都要以白紙黑字的合約為準。如果發現合約內容和之前洽談的有所出入，也一定要和建方再三確認。

因為不是每位屋主都可以理解正式合約的描述方式和寫法，所以，簽約時，建方必須花一些時間讓屋主徹底了解協議的內容，而不是讓屋主在似懂非懂的情況下勉強蓋章簽字。

05

當房子在重建時，
我和家人要住哪裡？

　　簽好合約後，屋主通常是滿心期待，但對我們來說，另一項重責大任也開始了，因為這時營建團隊就要開始拆除舊房、重建新屋。

　　如果是建方和屋主合建，在重建期間，建方必須提供屋主適當的房屋租金補貼，而且是從舊屋交屋那天開始，一直算到通知新房交屋當天。在金額上，一般都會參考房屋所在區域的市場行情，讓屋主可以租到和舊屋條件相近的環境和坪數，作為暫時的住所。舊屋拆除後，屋主便可以拿著這筆補貼，自行找尋適合短暫居住的房子，如果屋主真的有困難，我們也會出面協助。

　　偶爾，我們也會碰到屋主對房租津貼有所堅持和要求，讓我們感到有些為難。其實，不管是站在誰的立場，最重要的應該是讓建方把絕大部分的成本花在新屋的建造上，照顧好重建後的房屋品質，如此才能創造真正的雙贏局面。

此外，如果是屋主自建，因為建方或建經公司收取的是金額固定的服務費，所以不會提供房租補貼，屋主需要自行租賃重建期間的住處，這也是打算自建的屋主必須列入考慮的。

06

交屋之後就沒問題了嗎？

　　新居落成，不管是對屋主或建方來說，都是在辦一件喜事。屋主們可以歡歡喜喜的搬入全新的家園，而我們除了心中的大石終於落下，也會有很大的成就感。因為住宅中寄託了許多家庭的希望與情感，看著新落成的住宅大樓，我總忍不住開始想像那每一盞燈火下的人生，也衷心希望重建後的屋宅，可以為屋主開創出新的生命。

　　不過，就實際面來說，如果屋主的屋宅在重建之後變成社區大樓，便需要一個管委會來幫住戶處理大小公共事務。但屋主們在入住後通常還需要一段時間適應、安頓，所以初期，我們會協助屋主成立社區管委會，然後跟社區管委會點交公設，到此為止，才算是真正完成交接。

　　當然，交屋後我們還是會和屋主或管委會保持密切聯繫，協助進行社區的維護和管控。畢竟在長達數年的洽談過程中，我們深入和每一位屋主往來、溝通，也建立起了對彼此的信任，有時

甚至超越了他們和管委會之間的關係。所以，若屋主和管委會在溝通上出現問題時，我們也會適時介入，為雙方協調。

　　根據法規，建方在完成點交後，除了期限內的保固，基本上就不用擔負其他責任。但對我和我的團隊來說，從和屋主洽談開始，我們就已經把對屋主的承諾當成終身的責任。我們當然希望新的社區可以慢慢步上軌道，自行運作，但我們也會讓屋主知道，一旦他們有需要，我們隨時都在。

07

政府有相關諮詢單位嗎？

　　如果無法確定自己的住宅是否能夠進行重建，或者想要進行重建，但對都更一無所知，也抓不到任何頭緒，可以直接找政府的相關單位洽詢。

　　如果是個人，可以用電話洽詢，但如果人數多達 15 人，便可提出申請，請政府單位（如果是台北市或新北市，就是都市更新處）前往住宅進行說明。不過政府單位只能提供法規諮詢，如果是像「何種基地比較適合重建」這種涉及個案評估的問題，就必須找建方或建經公司諮詢。或者也可以請政府推薦都更危老推動師來協助，這些推動師都有經過專業訓練，可以為屋主提供建議和分析。

　　萬一在重建過程中發生糾紛，或是屋主發現建方沒有按照合約進行，因為私契不在政府的管轄範圍，屋主只能循法律途徑來解決；但如果建方沒有按照報告書來實行，包括分配比例、建築設計等等，這時政府就會介入處理。

結 語

回想踏入建築業這十多年來，每一天對耕建築團隊來說都是艱辛的考驗。

因為我們專注在都市更新與危老住宅的重建，除了建築本身，我們得花更多的時間和精力與屋主溝通，需要考慮的層面相對複雜，工作的難度也因此提高。然而，也因為我們投入的是老舊房屋的重建，而不是單純的建造新屋出售，所以我們才有機會幫助屋主們優化手上的房屋土地資源，提升屋宅品質，進而獲得一個更加健康、安全的居住環境，並且藉由屋宅價值的提升，讓屋主在財務運用上得到更大的空間。

建築象徵著一座城市的精神，不僅留下了歷史足跡，也展現出每座城市的面貌。而建築所連結的，則是生活在其中的人們，因為健康、安全的居住環境，而能愉快安心的享受美好生活。

細細思索，耕建築團隊的成就感，不只來自那一棟棟出自名家之手的新穎建築，更是來自於協助屋主們更新重建，創造美好的生活品質，同時也提升了城市的質感與天際線，對屋主、城市與社會逐漸形成「共好」的正向改變。共好思維成為激勵我們團隊的重要動能，讓耕建築有更大的能量與動力，繼續為屋主們打造共好家園，為這城市留下美麗的樣貌，讓生活其中的每一個人，可以感受到全然的安心與實在的幸福！

都更危老番外篇

老屋還能買嗎？

　　以大台北來說，因為蛋黃區的房價一直居高不下，所以，有不少人都想要買蛋黃區的老屋來等待都更，藉以作為投資。

　　這當然是一種不錯的投資方法，不過在購屋之前，必須小心評估，因為並不是所有的老屋都符合都更條件，或是能夠順利進行危老重建。一旦沒辦法得到八成屋主的同意，不管地段多好、房子多舊，都無法進行重建。

購買老屋前，務必審慎評估重建可能性

　　也因此，老屋絕對不能說買就買，購買前，可以先從以下幾點進行判斷：

（一）該基地是否有都更的可能

　　關於這一點，可以觀察附近是否有均質老屋，也就是說，周圍的房子必須夠舊、夠老，而非高樓大廈。此外，這樣的房屋也

要夠多，基地要夠大，如果只有少數幾棟，因為利潤非常有限，建方通常也不會有太大的興趣。

（二）盡量選擇 4、5 層樓以下的老房子

就像之前提到的，樓層越高，屋主的土地持分越小，重建後能分得的坪數就越少，若真的能夠重建，恐怕效益也不會太高。

（三）老屋是否有安全疑慮

如果買下的房子沒有辦法馬上進行都更，那就必須自住或租人。所以，在購買前，一定要仔細勘察屋況，如果買到的是一間自己怕危險而不敢住，也租不出去的房子，但又沒辦法馬上進行重建，很可能會陷入進退兩難的窘境。

我認識一位屋主，過去投資所買的每一棟老屋都能順利進行都更，真的非常幸運，相對的，也有一些屋主，雖然投資了不少老屋，但每一間都進行得很不順利，不是無法符合都更的條件，就是有屋主堅持不願意加入重建。如果只是因為房子夠舊、夠老，就貿然買下，這個投資就會變成一種賭局，這種做法會給自己帶來很大的壓力，不僅帶有風險，也不太健康。

所以，只要遇到想投資精華區老屋來等待都更的人，我都會提醒他務必三思而行。可能的話，最好是在經濟有餘裕的時候再做這樣的投資，至少這樣就不用承受老屋無法立即重建所帶來的貸款或資金上的壓力。如果已經買了，事後發現重建的機會真的

不大，除非有自住需求，否則我會建議屋主找個機會把它賣了，
把損失控制在最小的範圍之內。

如果住宅已極具危險性，但又無法達到法定同意比例，該怎麼辦？

和屋主洽談重建事宜時，要讓同意比例達到法定門檻，本來就有不小的難度，然而，不管花費多少時間和精力，如果最終還是可以成功達標，那還算是令人欣喜。最叫人為難與擔心的是，明明屋宅已經十分老舊，甚至具有極高的危險性，但在協調過程中，同意重建的屋主人數始終距基本的八成有一段距離，有些甚至連一半都不到。在這種情況下，我相信很多重視住宅安全的住戶都會感到非常焦急。

震損屋的修繕與重建刻不容緩

一如我之前提到的，台灣經常發生地震，一旦發生規模較大的地震，便可能造成房屋的嚴重損毀。所以，地震發生之後，

政府通常會主動針對那些可能有安全疑慮的房屋進行檢測。若發現房屋有傾倒的危險，就會開立紅單，強制要求屋主立刻進行補強，如果沒有補強就會施以罰款。而且，就算做了補強，之後還是得拆除、重建，因為若再來一次地震，可能就真的會發生倒塌。

事實上，針對這種有立即性危險的屋宅，政府已經開了方便之門，大幅簡化申請重建的程序，審核時的標準也比較寬鬆，有時甚至只需要一半屋主的同意書，就可以通過審核。此外，在費用方面，部分縣市政府也有提供補助，例如新北市就推出防災型都更行動方案，目的無非是希望藉此加速危險屋宅的重建。如果已經被政府列入「須拆除重建」的屋宅，但社區又一直無法完成整合、進行重建，為了顧及民眾的安全，政府還是會進行強制拆除，例如 2015 年 3 月，台北市政府便強制拆除了北投大度路三段的住宅。

至於那些沒有立即性危險，但有安全疑慮的屋宅，例如屋損不是太嚴重的海砂屋和輻射屋，政府也會列管，並提供重建獎勵。但是，列管後如果沒有立即重建，獎勵就會逐年遞減。此外，若申請的是危老重建，因無法同時適用其他法令規定之建築容積獎勵項目，所以不能同時申請和海砂屋（或輻射屋）的重建獎勵；但如果申請的是都更重建，兩種容積獎勵都可以申請，也能併用。因此，這也讓那些無法立即重建的危險屋宅屋主，為了不讓獎勵值及補助減少，寧可選擇默不吭聲，持續住在危險的屋

宅裡。

　　不管這些政策的矛盾是什麼原因造成的，我真心建議大家，一旦發現屋宅有潛在危險，不管是海砂屋、輻射屋，還是最讓人擔憂的震損屋，務必都要先仔細確認房屋的損害程度。若損毀嚴重、急需重建，最好趕快召集鄰居討論，並選擇一家值得信賴的建方商討重建事宜。即使暫時不需重建，也要做好適當的補強，千萬不要抱著僥倖的心理勉強居住。

03

如果無法重建，如何用輕裝修來解決屋況不好的問題

　　針對危險或老舊等不良屋況，重建當然是最釜底抽薪的方法。但是，如果屋況還不到重建的標準，但又想徹底翻新、改善住居環境，或是想裝上電梯，讓老人家方便進出，那就可以透過輕裝修或拉皮的方式來進行改善。

　　雖然工程不如重建浩大，但若想申請整建維護，還是要得到一定比例的屋主同意。申請通過之後，屋主就可以自己找建築師和營造廠來協助整建，政府也會提供補助。

　　以台北市為例，要申請外牆安全整新補助，亦即俗稱的拉皮，需要符合幾個條件，其中包括屋齡須達 10 年以上、面臨道路之外牆飾面剝落，影響公共安全等等。施作工程時，政府也會

提供補助＊。

　　同樣的，因為申請程序有些繁瑣，建議在工程方面屋主可以找營造廠幫忙，並請建築師協助分析基地條件，擬定計畫，比方說能否裝電梯、電梯需要多大，然後再申請補助。

　　如果是單戶建築而非社區，則可透過輕裝修的方法來改善屋

＊　「台北市建築物外牆飾面剝落申請修繕及補助費用作業要點」重點節錄

關於補助對象

（一）屋齡達 10 年以上，且領有使用執照、營造執照（以使用執照、營造執照
　　　發照日期為準）或建物謄本之民間興建建築物。

（二）本補助以面臨道路或依法留設供公眾通行之無遮簷人行道之外牆飾面剝落影
　　　響公共安全者為限；飾面剝落位置未面臨道路或無遮簷人行道者不予補助。

（三）施作時應以該棟建築物面臨道路之外牆剝落飾面全面檢視，不得為特定或
　　　局部之修繕。

關於補助標準

（一）案件件數認定原則：

以棟為申請單元，同棟外牆飾面剝落之建築物視為一申請案。

（二）補助額度及施作內容：

1. 外牆飾面剝落維護修繕補助費用分吊車費及外牆飾面施作費兩項費用實支實
付，每案補助以新台幣 4 萬元為上限。

(1) 吊車費：申請案建築物為 5 層樓以下，補助吊車費用新台幣 1 萬元為上限；
建築物為 6 層樓以上，補助吊車費用新台幣 2 萬元為上限。如無法以吊車施作，
得以其他工法為之，所需費用核實計價，但施作費用若超過該案之吊車補助費用
上限，以該案吊車補助費用之上限計算。

(2) 外牆飾面施作費：

　A. 施作內容應包含外牆剝落飾面之剔除、水泥砂漿粉刷及防水塗料處理，不含
　　外牆飾面磁磚材料及其施工，補助以單價新台幣 2 千元 / 平方公尺為上限。

　B. 外牆飾面施作面積未達 2.5 平方公尺者，考量施作人員出勤工資，補助金額
　　以新台幣 5 千元為上限。

2. 施工期間應設置必要之安全防護措施。

況。屋主可以自己找裝潢公司和設計師，但若房屋太過老舊，可能還會牽涉到管線問題，可能需要請水電工或泥水工一起施工。

　　當然，即使已經做過外牆整新或室內裝修，如果住宅老舊到一定的程度，還是要隨時注意屋況，必要時可以請專業人士來進行檢測，確認屋宅的安全。

Q/A 房屋重建速查

本書內容均依據現行法規或法令，若有相異之處，請依最新版本的法規或法令為準。

Q1 建商、營造廠、建經公司各扮演什麼角色，想重建房屋該找誰？

A1 建商就是一般所說的「建設公司」，不以公司名稱中有「建設」二字為限。在一個建案中，建設公司主要負責出資、整合、整體規劃設計、建材挑選，以及銷售方向和營造廠的管控等等，在本書中統一稱為「建方」。

營造廠主要負責興建工程，多與建設公司搭配合作。

建經公司為「建築經理公司」的簡稱，這是政府為改善不動產交易秩序所創設的行業，主要是以公正第三者的角度，提供資訊、營建或管理等服務。在老屋重建過程中，可負責銀行工程融資款項的查核和營建進度管理，並協助屋主自辦重建作業。

因為建方可以從一開始的屋主整合階段便提供協助，考慮進行房屋重建時，建議可以先找一家值得信賴的建方諮詢，了解相關細節。

Q2 危老重建要符合什麼條件？

A2 危老重建的申辦資格包括以下 3 項：

一、位於都市計畫區域內

二、非歷史建築、不具文化歷史紀念藝術價值

三、危險或老舊的合法建築

最重要的是，申請時需得到 100％住戶的同意。

（詳情請見 p.40）

Q3 都更重建要符合什麼條件？

A3 都更重建的申辦資格包括以下 3 項：

一、位於都市更新地區或都市更新單元

二、符合地方政府更新單元劃定標準

三、30 年以上合法建築物之重建，或 20 年以上合法建築物之整建、維護

第二、三兩項各縣市政府均有不同規定，且會不定期進行微調。

此外，申請時需得到80％屋主的同意，且各縣市政府針對最小重建基地面積也有不同規定，以台北市和新北市為例，至少需有500平方公尺（約151坪）。

（詳情請見 p.46）

Q4 合建是什麼？

A4 由建方代為整合規劃、管控整合房屋重建工作，包括與所有屋主洽談、評估屋宅條件、準備資料向政府部門提出申請、銷售（包含預售）、發包給營造廠，一直到後續的監工、交屋、客服，都由建方主導。

完工後的房子，除了屋主應分得的部分，其餘必須交由建方銷售，並由建方享有所得。

（詳情請見 p.140）

Q5 委建又是什麼？

A5 由屋主主導整個重建工作，但可委託建方或建築經理公司來執行申請、銷售、發包營造廠、監工等工作。房屋銷售所得為屋主所有，建方或建築經理公司則向屋主領取服務費作為酬勞。

（詳情請見 p.141）

Q6 **重建需要費用嗎？**

A6 若是合建，除了應繳納給政府的稅費及預繳的管理費之外，屋主不須繳交任何費用。若是委建，需屋主自行籌措所有經費，通常是由屋主以自己的土地向銀行申請融資。（詳情請見 p.140）

Q7 **重建需要多少時間？**

A7 都更重建的程序極為繁瑣，且每一個階段和步驟都必須通過政府的審核、監督，所以耗費的時間較長，光是事業計畫及權利變換計畫的審核時間，動輒需要數年。此外，還要加上屋宅興建的時間，約 2 至 5 年（視住宅規模與施工方式而定）。

危老重建的程序比都更重建簡單許多，重建計畫審核時間最快 1 個月，平均約 3 至 6 個月。此外還要加上屋宅的興建時間。

（詳情請見 p.88）

Q8 **政府有針對房屋重建提供補助或獎勵嗎？**

A8 一、以危老重建來說：

費用補助：政府有針對尚在申請程序中的危老屋宅進行補助，審核通過後，還有工程費用補助與工程融資利率的

優惠。

容積獎勵：上限是基準容積之 1.3 倍或原建築容積之 1.15 倍，另加 10% 的時程及規模獎勵。

稅務減免：重建期間及重建後的地價稅、房屋稅。

二、以都更重建來說：

費用補助：主要是針對委建的屋主，提供更新會運作費用補助，以及工程融資利率優惠。

容積獎勵：上限是基準容積之 1.5 倍或原建築容積再加基準容積之 0.3 倍。

稅務減免：重建期間及重建後的土地增值稅、契稅、地價稅、房屋稅。

（詳情請見 p.116、120、125）

Q9 **何挑選好的建方？**

A9 挑選建方時，專業與態度缺一不可，以下為幾個簡單的篩選標準：

一、擁有優秀的合作團隊：一個好的建方必須要有足夠的熱誠和人脈，邀集眾多實力堅強的建築業上下游相關團隊

一起合作。而為了讓建案有更好的呈現，有些案子其實可以由兩家建設公司一起聯手執行，雙方截長補短，相較於單打獨鬥的團隊，可以創造出更大的效益。

二、建方要能直接面對屋主：即使是透過中人介紹的建案，建方最好可以和中人一起與屋主洽談，屋主若有任何疑問，才能得到建方的直接回應或承諾，而且屋主的意見也可以反映在建案的規劃和設計上，不致被忽略。

三、具備足夠的經驗值：最好是挑選有都更或危老重建專業或已有相關案例作品的建方，如此才能判斷這家公司的興建品質、與屋主間溝通互動的方式等。公司的規模大小倒不是最重要的指標。

四、說法前後一致：如果對同一件事的說法前後不同或閃爍其詞，便是一個危險訊號。

五、簽約為憑：不管建方提出多麼優渥的條件，都必須以簽約為憑，口頭的約束不具任何法律效力。此外，有些建方會以無限期的開口合約來綁住屋主，屋主可能會因建方整合不成而陷入進退兩難的風險，這一點也務必當心。

六、具可信度：針對建方提出的內容，特別是有關法令或法規的部分，不妨打電話到政府機關求證，藉以確認這家公司是否隱匿或捏造資訊。

七、良好的溝通態度：建方必須有耐心且正確的回答屋主的疑慮和所有疑問。

（詳情請見 p.170）

Q10 新屋的價格如何制定？

A10 如果是危老重建，且是屋主和建方合建，房屋的售價通常由建方與代銷公司在評估該區域相關產品與基地條件後，加以訂定。

如果是都更重建，若採權利變換方式實施，因為政府有固定的機制來確認建設公司所提出的價格是否合理，所以房屋價格必須依照政府規定，由 3 家估價師來評估，最後再訂出更新後的價值；但若是協議合建，房屋售價則由建方與代銷公司在評估該區域相關產品與基地條件後，加以訂定。

（詳情請見 p.153）

Q11 都更真能「室內坪一坪換一坪」嗎？

A11 以台北市第三種住宅區為例，法定容積率是 225%，也就是說，每 1 坪土地可蓋 2.25 坪的容積，如果是 4、5 層樓的公寓，基本上已經用完了所有的法定容積率，因此，申請重建所獲得的容積獎勵，普遍只夠用來抵給建方，當作興建的成本。此外，新屋的車道、大廳、電樓梯間等面積

可能又占了 15% 至 20%，再加上建築成本不斷上漲，換算下來，想要室內坪一坪換一坪，有一定的難度。

除非使用分區是商業區，因商業區的法定基準容積比住宅區高，所以室內坪一坪換一坪的可能性也很高。換言之，使用分區（法定基準容積）與重建後室內能否一坪換一坪與否有直接的關聯。

（詳情請見 p.145）

Q12 都更期間，我和家人要住哪裡？

A12 如果是建方和屋主合建，在重建期間，建方必須提供屋主適當的房屋租金補貼，在金額上，一般會參考房屋所在區域的市場行情，讓屋主可以租到和舊屋條件相近的環境和坪數，作為暫時的住所。

如果是屋主自建，興建期間的房租需由屋主自行負擔。因為建方或建築經理公司收取的是金額固定或固定比例的服務費，並不包含房租補貼，所以，屋主需自行租賃重建期間的住處。

（詳情請見 p.190）

Q13 老屋還能買嗎？

A13 購買老屋來等待都更當然不失為一種投資方式，不過購屋

前務必仔細評估，因為不是所有的老屋都符合都更或危老重建的條件，或是具有重建效益。以下是幾個簡單的評估的標準：

一、該基地是否有都更的可能：附近最好要有夠舊、夠老、夠多的均值房屋，因為重建的基地要夠大，建方才會有興趣重建。

二、盡量選擇 4、5 層樓以下的老屋：樓層越高，土地持分越少，重建後能分得的坪數也就越小，即使真能重建，效益也非常有限。

三、老屋是否有安全疑慮：如果一時無法重建，勢必得自住或出租。若買的是有安全疑慮的老屋，不僅租不出去，自己也不敢住，很容易陷入進退兩難的困境。

（詳情請見 p.198）

WIDE 系列 003

都更危老大解密　耕築共好家園

作　　　者	黃張維
出版經紀	廖翊君
文字協力	享應文創管顧工作室、吳怡文
副總編輯	鍾宜君
特約編輯	李志威
行銷經理	胡弘一
行銷主任	彭澤葳
封面設計	FE 設計
內文排版	薛美惠
攝　　　影	謝文創攝影工作室（書腰照片）
校　　　對	蔡緯蓉

發 行 人	梁永煌
社　　長	謝春滿
副總經理	吳幸芳
副 總 監	陳姵蒨

出 版 者	今周刊出版社股份有限公司
地　　址	台北市中山區南京東路一段 96 號 8 樓
電　　話	886-2-2581-6196
傳　　真	886-2-2531-6438
讀者專線	886-2-2581-6196 轉 1
劃撥帳號	19865054
戶　　名	今周刊出版社股份有限公司
網　　址	www.businesstoday.com.tw

總 經 銷	大和書報股份有限公司
製版印刷	緯峰印刷股份有限公司
初版一刷	2021 年 8 月
初版八刷	2023 年 3 月
定　　價	360 元

國家圖書館出版品預行編目 (CIP) 資料

都更危老大解密　耕築共好家園 / 黃張維著.
-- 初版 . -- 台北市：今周刊出版社股份有限公司，
2021.07
224 面；17×23 公分 . -- (Wide 系列；3)

ISBN 978-626-7014-02-8(平裝)

1. 都市更新

445.1　　　　　　　　　　　110010385

版權所有，翻印必究
Printed in Taiwan